Examens-Fragen Physiologie

Herausgegeben von

K. Brück   W. Jänig   R. Rüdel
H. Schaefer   R. F. Schmidt   J. Schmier   M. Steinhausen
R. Taugner   V. Thämer   G. Thews   H.-V. Ulmer

Dritte, völlig neu bearbeitete Auflage

1976

Springer-Verlag Berlin · Heidelberg · New York
J. F. Lehmanns Verlag München

ISBN-13: 978-3-540-07580-6   e-ISBN-13: 978-3-642-96309-4
DOI: 10.1007/978-3-642-96309-4

Library of Congress Cataloging in Publication Data. Main entry under title: Examens-Fragen, Physiologie. First-2d ed. edited by V. Thämer and H. Schaefer. Bibliography: p. Includes index. 1. Physiologie-Examinations, questions, etc. I. Brück, Kurt, 1925- II. Thämer, V. Examens- Fragen, Physiologie. QP40. 1976 612 76-3450.

Vorwort zur dritten Auflage

Die dritte Auflage dieses Buches ist wiederum nach
kurzer Zeit notwendig geworden. Sie ist fast vollstän-
dig neu gefaßt worden. Einmal nahm die Erfahrung in der
Abfassung dieser Fragen zu und sie ließen sich in ihrer
äußeren Form daher oft verbessern. Vor allem aber ist
inzwischen der Gegenstandskatalog für die Fächer der
ärztlichen Vorprüfung des Instituts für medizinische
Prüfungsfragen (IMPF) erschienen und zwang zu einer
durchgreifenden Neuordnung des Stoffes.

Die in diesem Buch enthaltenen Fragen lehnen sich eng
an diesen Gegenstandskatalog und an die "Hinweise für
Sachverständige" an, welche das IMPF für die Konstruktion von Prüfungsfragen herausgegeben hat. Das Buch
gibt daher nun keinen Anhalt mehr dafür, welche Teile
des Wissens von den Herausgebern selbst für mehr oder
weniger wichtig gehalten werden. Diese beugten sich
vielmehr in der Auswahl und Gewichtung der Fragen dem
Sachverstand derjenigen Kollegen, welche für den Gegenstandskatalog des IMPF verantwortlich sind.

Die Fragen sind, bis auf wenige Ausnahmen, welche aus
den voraufgehenden Auflagen übernommen wurden, von den
Herausgebern selbst neu formuliert worden, und zwar so,
daß jedes Kapitel von einem bestimmten Herausgeber verantwortlich bearbeitet wurde, wie aus dem Inhaltsver-
zeichnis ersichtlich ist. Die Fragen eines jeden Kapi-
tels wurden von je 2 weiteren Herausgebern sorgfältig
auf Brauchbarkeit und Richtigkeit überprüft. Der große
Mitarbeiterstab der ersten beiden Auflagen konnte aus
redaktionellen Gründen nicht mehr beibehalten werden,
insbesondere auch deshalb nicht, weil eine völlige Um-
stellung und thematische Neuorientierung rasch und nach
einheitlichen Gesichtspunkten durchzuführen war. Die
Herausgeber erbitten die Kritik ihrer Kollegen, insbesondere wenn sie eigene Erfahrungen mit diesen Fragen
in Seminaren gewonnen haben.

Für den Studenten wird dieses Buch nach wie vor in
zweierlei Hinsicht hilfreich sein:

1. kann er seinen Wissensstand durch selbstzusammenge-
stellte Fragen testen. An Hand des im Anhang wiederge-
gebenen Lösungsschlüssels wird er auf bestehende Lücken
aufmerksam gemacht;

2. kann er sich auf die Technik der neuen Prüfungsme-
thode vorbereiten.

Diese Tatsachen machen deutlich, daß die Fragensammlung
weder ein Lehrbuch noch ein Kompendium ersetzen kann.
Sie kann aber in Verbindung mit einem Lehrbuch auf bestimmte Probleme in der Physiologie hinweisen, um so
zu einem intensiveren Lehrbuchstudium anzuregen.

Es bedarf wohl keiner besonderen Erwähnung, daß die
hier veröffentlichten Fragen vom IMPF bei seinen Prü-
fungen nicht verwendet werden. Da aber die Art der Fragen in der Prüfung durch das IMPF kaum grundsätzlich
von den hier vorgelegten abweichen dürfte, kann der
Student sich mit diesen Fragen gut auf die Examenssitu-
ation vorbereiten.

Die Herausgeber hoffen, daß das Buch in der jetzt ver-
wandelten Form den Studenten eine noch bessere Grund-
lage zur Vorbereitung auf das Examen liefern wird. Sie
danken dem Verlag für die vorzügliche Ausstattung des
Bandes und danken insbesondere den früheren Herausgebern und den Autoren der ersten und zweiten Auflage,
auf deren Vorarbeit dieses Buch gewachsen ist und ohne
die es nicht denkbar wäre.

Im März 1976   Die Herausgeber

Inhaltsverzeichnis

Mitarbeiterverzeichnis

BRÜCK, Kurt, Professor Dr., Zentrum für Physiologie,
    Aulweg 129, 6300 Gießen

JÄNIG, Wilfried, Priv.-Doz. Dr., Physiologischen Insti-
    tut der Universität, Olshausenstr. 40/60,
    2300 Kiel

RÜDEL, Reinhardt, Priv.-Doz. Dr., Physiologisches
    Institut der Technischen Universität München,
    Biedersteinerstr. 29, 8000 München 40

SCHAEFER, Hans, Professor Dr., Waldgrenzweg 15/2
    6904 Ziegelhausen

SCHMIDT, Robert F., Professor Dr., Physiologisches
    Institut der Universität, Lehrstuhl I,
    Olshausenstr. 40/60, 2300 Kiel

SCHMIER, Johannes, Professor Dr., Abteilung für expe-
    rimentelle Chirurgie, Im Neuenheimer Feld 347
    6900 Heidelberg

STEINHAUSEN, Michael, Professor Dr., I. Physiologisches
    Institut, Im Neuenheimer Feld 326,
    6900 Heidelberg

TAUGNER, Roland, Professor Dr., I. Physiologisches Insti-
    tut, Im Neuenheimer Feld 326, 6900 Heidelberg

THÄMER, Volker, Priv.-Doz. Dr., I. Physiologisches Insti-
    tut der Universität, Im Neuenheimer Feld 326,
    6900 Heidelberg

THEWS, Gerhard, Professor Dr. Dr., Physiologisches
        Institut der Universität, Saarstr. 21,
        6500 Mainz

ULMER, Hans-Volkhart, Professor Dr., Sportphysiologische
        Abteilung am FB 26 der Universität, Saarstr. 21
        6500 Mainz

Hinweise zur Benutzung *

Die Fragen dieser Sammlung sind in der Reihenfolge angeordnet, die der Gegenstandskatalog für die Medizinische Vorprüfung in den 22 Abschnitten des Katalogs
Physiologie einhält. Am Kopf jeder Frage finden sich
4 Angaben. Die 1. Zahl ist die Fragennummer, welche die
Frage in diesem Buch erhält. Die 2. Zahl ist die Nummer
des zugehörigen Lernziels des Gegenstandskatalogs. Die
3. Angabe betrifft die Wichtigkeit, welche der Gegenstandskatalog dieser Frage zumißt (+ weniger wichtig,
+++ sehr wichtig). Der 4. Buchstabe ist der Fragen-Typ
nach der Klassifikation des Institutes für Medizinische
Prüfungsfragen in Mainz.

Allen Fragen-Typen ist gemeinsam, daß zu jeder Aufgabe
5 mögliche Antworten A - E angeboten werden, von denen
eine und nur eine zutrifft.

Folgende Fragen-Typen werden benutzt:

Fragentyp A = Einfachauswahl

Auf eine Frage oder unvollständige Aussage folgen 5
Antworten oder Ergänzungen, von denen eine einzige auszuwählen ist, und zwar entweder die einzig richtige,
oder die beste von mehreren möglichen oder die einzig
falsche. Die Frage nach der einzig richtigen Antwort
wird am häufigsten gestellt. Wenn nach der "besten"
oder der einzig falschen Antwort gefragt wird, so geht
dies aus dem Aufgabentext ausdrücklich hervor.

Fragentyp B = Aufgabengruppe mit gemeinsamem Antwort-angebot (Zuordnung)

Jede Aufgabengruppe besteht aus

a) einer beliebigen Anzahl von numerierten Begriffen,
   Fragen oder Aussagen (= Aufgabenliste = Liste 1).

b) 5 durch die Buchstaben A - E gekennzeichneten Antwortmöglichkeiten (= Liste 2).

Eine Fragengruppe enthält so viele - einzeln bewertete -
Aufgaben, wie die Aufgabenliste Punkte hat.

Zu jeder numerierten Aufgabe ist die Antwort A - E
auszuwählen, die für zutreffend gehalten wird. Jede
Antwortmöglichkeit kann einmal, mehrmals oder überhaupt nicht als Lösung vorkommen.

Fragentyp C = kausale Verknüpfung

Dieser Aufgabentyp besteht aus zwei durch das Wort
"weil" verknüpfte Feststellungen.

Jede der beiden Feststellungen kann unabhängig von der
anderen richtig oder falsch sein. Wenn sie beide richtig sind, kann die Verknüpfung durch "weil" richtig oder
falsch sein.

Bitte kreuzen Sie die Antwort A - E an, die nach Ihrer
Meinung die beiden Feststellungen und ihre Verknüpfung
richtig beurteilt:

Antwort	Feststellung 1	Feststellung 2	Verknüpfung
A	richtig	richtig	richtig
B	richtig	richtig	falsch
C	richtig	falsch	-
D	falsch	richtig	-
E	falsch	falsch	-

Fragentyp D = Antworten mit Aussagenkombinationen

Auf eine Frage oder unvollständige Aussage folgen
numerierte Begriffe oder Sätze, von denen einer oder
mehrere zutreffen können.

Für jede Aufgabe nach Typ D werden 5 Kombinationen der
numerierten Aussagen vorgegeben.

Aus diesen mit den Buchstaben A - E gekennzeichneten
Antworten wählen Sie bitte die Aussagenkombination aus,
die Sie für richtig halten.

Fragentyp E = Fragen mit Bildmaterial

Bei diesem Fragen-Typ enthalten die Aufgaben Bildmaterial. Sie kommen in dieser Fragensammlung sehr
selten vor.

---

* Um die Benutzung der Fragen zu erleichtern, wurde am
  Schluß des Bandes eine Ausschlagtafel angebracht, auf der
  die hier angebrachten Erklärungen zu den verschiedenen
  Fragentypen noch einmal aufgeführt sind.

Kapitel 1
Blut und Säure-Basen-Haushalt (G. Thews)

1.01	1.1.1 (+++)	Fragentyp B
1.02		

Ordnen Sie den in Liste 1 angegebenen Volumina die Normalwerte, ausgedrückt in Prozent des Körpergewichtes, aus Liste 2 zu:

Liste 1		Liste 2	
1.01	Blutvolumen des Menschen	A.	2,5 - 3,5 %
1.02	Plasmavolumen des Menschen	B.	3,5 - 4,5 %
		C.	4,5 - 6 %
		D.	6 - 8 %
		E.	10 - 12 %

1.03	1.1.1 (+++)	Fragentyp A

Zur Bestimmung des Blutvolumens werde 1 ml des Farbstoffes Evans-Blau in einer Konzentration von 18 g/l in die Armvene injiziert. An einer nach 10 min entnommenen Blutprobe ergebe die Messung der Farbstoffkonzentration im Plasma 5 mg/l. Wie groß ist in diesem Fall etwa das Blutvolumen, wenn der Hämatokrit 40 Vol% beträgt?

A. 3 1

B. 4 1

C. 5 1

D. 6 1

E. 9 1

1.04   1.1.2 (++)   Fragentyp D

Beurteilen Sie die folgenden Aussagen über den Hämatokrit-Wert des Blutes:

1) Der Hämatokrit-Wert ist definiert als das Verhältnis des Blutzellenvolumens zum Plasmavolumen.

2) Der Normalwert beträgt 45 Vol%.

3) Der Normalwert beträgt 55 Vol%.

4) Zur Hämatokrit-Bestimmung werden die spezifisch
   schwereren Blutzellen durch 10 min langes Zentrifu-
   gieren in standardisierten Röhrchen vom Plasma ge-
   trennt.

5) Nach Höhenanpassung ist der Hämatokrit-Wert in der
   Regel herabgesetzt.

Welche Aussagenkombination ist zutreffend?

A. Nur 1 und 2

B. Nur 2 und 4

C. Nur 3 und 4

D. Nur 1, 2 und 4

E. Nur 1, 3, 4 und 5

1.05   1.2.1 (+++)   Fragentyp D

Beurteilen Sie die folgenden Aussagen über den
Kolloid-osmotischen Druck des Blutplasmas (KOD):

1) Der Normalwert des KOD beträgt etwa 20 - 25 mm Hg.

2) Der Normalwert des KOD beträgt etwa 7 atm.

3) Die Größe des KOD wird vorwiegend durch die Konzentration der Plasma-Elektrolyte bestimmt.

4) Die Größe des KOD wird vorwiegend durch die Konzentration der Albumine bestimmt.

5) Die Größe des KOD wird vorwiegend durch die Konzentration der Globuline bestimmt.

Welche Aussagenkombination ist zutreffend?

A. 1 und 3

B. 1 und 4

C. 1 und 5

D. 2 und 3

E. 2 und 4

1.06	1.2.2 (++)	Fragentyp B
1.07		
1.08		
1.09		

Ordnen Sie den in Liste 1 aufgeführten Ionenkonzentrationen diejenigen Angaben aus Liste 2 zu, die etwa den Normalwerten im Blutplasma entsprechen.

Liste 1	Liste 2
1.06 $[Na^+]$	A. 1 - 2 mval/l
1.07 $[K^+]$	B. 4 - 5 mval/l
1.08 $[Ca^{++}]$	C. 25 mval/l
1.09 $[HCO_3^-]$	D. 140 mval/l
	E. 330 mval/l

1.10	1.2.3 (++)	Fragentyp C

Das Blutplasma weist eine Gefrierpunktserniedrigung von etwa - 0,56°C auf,

<u>weil</u>

die mittlere osmotische Konzentration des Blutplasmas rund 0,3 osmol/l beträgt.

1.11	1.3.1 (+++)	Fragentyp B
1.12	1.4.1 (+++)	
1.13	1.5.1 (++)	
1.14		

Ordnen Sie den in Liste 1 angegebenen Blutzellen diejenigen Zellzahlen/μl Blut (Liste 2) zu, die den Norm-
werten des gesunden Erwachsenen entsprechen.

Liste 1	Liste 2
1.11 Erythrocyten beim Mann	A. 5000 - 10000
1.12 Erythrocyten bei der Frau	B. 10000 - 150000
1.13 Leukocyten	C. 150000 - 500000
1.14 Thrombocyten	D. 4,5 - 5,0 Mio
	E. 5,0 - 5,5 Mio

1.15	1.3.1 (+++)	Fragentyp A
	1.6.1 (+++)	

Die Auszählung der Erythrocyten in der Thoma-Zeiss-
Kammer habe für 80 kleine Quadrate 2000 Zellen ergeben
(Verdünnung 1 : 100). Wieviele Erythrocyten sind in
diesem Fall in 1 μl Blut enthalten, und wie ist das
Ergebnis diagnostisch zu bewerten?

Erythrocyten/μl	Bewertung
A. 2,5 Mio	Oligocythämie
B. 5 Mio	Erythrocytose
C. 10 Mio	im Normbereich
D. 5 Mio	im Normbereich
E. 10 Mio	Erythrocytose

1.16	1.3.2 (++)	Fragentyp D
	1.3.7 (++)	

Welche der folgenden Aussagen zur Erythropoese sind
zutreffend?

1) Die Neubildung der Erythrocyten wird durch das im
   Blutplasma vorkommende Erythropoietin aktiviert.

2) Hauptbildungsort des Erythropoietin ist die Niere.

3) Normalerweise werden rund 0,8 % der Erythrocyten in
   24 Stunden erneuert.

4) Die Erythropoese nimmt bei einer ausgeprägten
   Hypoxie zu.

5) Nach schweren Blutverlusten ist die Erythropoese gesteigert.

Welche Aussagenkombination ist zutreffend?

A. Nur 1, 2 und 3 sind richtig

B. Nur 1, 3 und 4 sind richtig

C. Nur 3, 4 und 5 sind richtig

D. Nur 1, 4 und 5 sind richtig

E. Alle Aussagen sind richtig

1.17   1.3.3 (+)   Fragentyp A
____

Die Zahl der Reticulocyten im Blut ist erhöht bei

A. Aktivierung des Reticulo-endothelialen Systems

B. Aktivierung der Formatio reticularis

C. Steigerung der Erythropoese

D. Hyperchromer Anämie

E. Leukocytose

1.18   1.3.4 (+++)   Fragentyp B
1.19
____

Ordnen Sie den in Liste 1 genannten Hb-Konzentrationen
diejenigen Angaben der Liste 2 zu, die den Normalwerten des Menschen entsprechen.

    Liste 1   Liste 2

1.18 [Hb] beim Mann   A. 13 - 15 mg/100 ml

1.19 [Hb] bei der Frau   B. 15 - 17 mg/100 ml

                                 C. 13 - 15 g/100 ml

                                 D. 15 - 17 g/100 ml

                                 E. 29 - 31 g/100 ml

1.20	1.3.4 (+++)	Fragentyp C

Die Konzentration des Hämoglobins läßt sich nach Umwandlung in Cyanhämiglobin photometrisch bestimmen,

<u>weil</u>

bekannt ist, daß 1 g Hämoglobin maximal 1,34 ml Sauerstoff binden kann (Hüfnersche Zahl).

1.21	1.3.5 (++) 1.3.6 (++)	Fragentyp A

Bei einem Patienten wurde eine Erythrocytenzahl von
3 Mio/μl und eine Hb-Konzentration von 12 g/100 ml bestimmt. In welcher Antwort sind Färbekoeffizient
(mittlere Hb-Beladung des Erythrocyten) und diagnostische Bewertung richtig angegeben? (1 μg = 10^{-6} g;
1 pg = 10^{-12} g)

<u>Färbekoeffizient</u>	<u>Bewertung</u>
A. 25 pg	Normochrome Anämie
B. 40 μg	Hyperchrome Anämie
C. 25 μg	Hypochrome Anämie
D. 40 pg	Hyperchrome Anämie
E. 25 %	Hypochrome Anämie

1.22	1.3.7 (++)	Fragentyp A

Bei einem männlichen Patienten wurde eine Hb-Konzentration von 8 g/100 ml und ein Färbekoeffizient von
32 pg (= 32 · 10^{-12} g) gefunden. Wie lautet die
diagnostische Bewertung, und wie groß muß in diesem
Fall der Hämatokrit-Wert gewesen sein, wenn ein normales mittleres Erythrocytenvolumen vorlag?

<u>Bewertung</u>	<u>Hämatokrit-Wert</u>
A. Mikrocytäre Anämie	4 Vol%
B. Normochrome Anämie	22,5 Vol%
C. Hypochrome Anämie	25 g%
D. Hyperchrome Anämie	40 Vol%
E. Normochrome Anämie	läßt sich aus diesen An- gaben nicht ermitteln

1.23	1.3.8 (+)	Fragentyp C

Die osmotische Resistenz der Erythrocyten kann mit
NaCl-Lösungen unterschiedlicher Konzentration geprüft
werden,

<u>weil</u>

die Erythrocytenmembran für H_2O permeabel, für Na^+-
Ionen aber praktisch impermeabel ist.

1.24	1.3.9 (+++)	Fragentyp A

Bei einem männlichen Patienten wurde eine beschleunigte
Blutkörperchensenkungsgeschwindigkeit (BSG) festge-
stellt. In welcher Antwort können beide Angaben diesem
Befund zugeordnet werden?

Ergebnis der BSG-Bestimmung nach Westergren	Mögliche Ursache
A. 2/4	Abnahme des Albumin-Globulin-Quotienten
B. 4/8	Infektionskrankheit
C. 12/22	Zunahme der Agglutinine
D. 12/22	Zunahme der Agglomerine
E. 18/30	Abnahme der Agglomerine

1.25	1.4.1 (+++)	Fragentyp C

Bei der Leukocyten-Zählung wird zur Verdünnung
Hayemsche Lösung verwendet,

<u>weil</u>

die Erythrocyten hämolysiert sein müssen, wenn die
Leukocytenkerne in der Zählkammer auffindbar sein
sollen.

1.26   1.5.1 (++)   Fragentyp A

(Der Gegenstandkatalog des IMP enthält an dieser Stelle eine fehlerhafte Aussage.)

Ein Absinken der Thrombocytenzahl im Blut unter 30 000/µl führt zu einer

A. Minderung der cellulären Abwehrfunktion des Blutes

B. Störung des Säure-Basen-Status des Blutes

C. Störung des Atemgastransportes auf dem Blutweg

D. spontanen intravasalen Blutgerinnung

E. erhöhten Blutungsneigung, die oft durch spontane Blutungen aus kleinen Gefäßen in Erscheinung tritt

1.27   1.6.1 (+++)   Fragentyp A

Die Untersuchung des Blutstatus habe zu folgenden Ergebnissen geführt:

Hb-Gehalt:	9 g/100 ml
Erythrocyten-Zahl:	3 Mio/µl
Hämatokrit-Wert:	40 Vol%
Plasmavolumen:	3 l
Leukocyten-Zahl:	2500/µl

Wie ist dieser Befund diagnostisch zu bewerten?

A. Anämie, Hämokonzentration und Leukopenie

B. Normaler Hb-Gehalt, Erythrocytose und normale Leukocyten-Zahl

C. Anämie, Oligocythämie und Leukopenie

D. Normaler Hb-Gehalt, Oligocythämie und Leukocytose

E. Anämie, normale Erythrocyten-Zahl und Leukopenie

1.28   1.7.1 (++)   Fragentyp D

Welche Aussagen zur vorläufigen Blutstillung sind zutreffend?

1) Die vorläufige Blutstillung wird durch die Retraktion der Fibrinfäden bewirkt.

2) Ein wesentlicher Faktor der vorläufigen Blutstillung ist die Constriction kleiner Gefäße.

3) Vasoconstrictorisch wirkendes Serotonin wird beim Thrombocytenzerfall frei.

4) Bei Verletzung des Gewebes wird reflektorisch Acetylcholin freigesetzt, das eine Kontraktion der glatten Gefäßmuskulatur bewirkt.

5) An den Bindegewebsfasern der Wundränder bildet sich eine Thrombocytenaggregation, die zum mechanischen Gefäßverschluß beiträgt.

Wählen Sie die Antwort aus den folgenden Aussagenkombinationen.

A. Nur 1, 2 und 3 sind richtig

B. Nur 1, 2 und 5 sind richtig

C. Nur 2 und 3 sind richtig

D. Nur 2, 3 und 4 sind richtig

E. Nur 2, 3 und 5 sind richtig

1.29   1.7.2 (++)   Fragentyp D

Bei einem Patienten wurde eine Thrombopenie festgestellt. Welche der nachfolgenden Werte für die Blutungszeit (aus einer kleinen Stichwunde) könnten zu diesem Befund passen?

1) 14 s

2) 1 min

3) 2 min

4) 3 min

5) 6 min

Wählen Sie die Antwortkombination, die alle bei Thrombopenie möglichen Blutungszeiten enthält.

A. Alle angegebenen Zeiten

B. Nur 2, 3, 4 und 5

C. Nur 3, 4 und 5

D. Nur 4 und 5

E. Nur 5

1.30   1.8.1 (++)   Fragentyp C

Granulocyten und Monocyten besitzen eine besondere
Fähigkeit zum Abbau phagocytierter Fremdstoffe,

weil

sie reich an lysosomalen Enzymen sind.

1.31   1.8.2 (+++)   Fragentyp A

Wie heißen die potentiell schädigenden Substanzen, die
die Bildung spezifisch reagierender Zellen und Abwehr-
stoffe auslösen?

A. Antikörper

B. Antigene

C. Immunglobuline

D. Isohämagglutinine

E. Agglomerine

1.32   1.8.2 (+++)   Fragentyp A

Welche Blutzellen sind hauptsächlich zur spezifischen
zellgebundenen Immunreaktion befähigt?

A. Erythrocyten

B. Granulocyten

C. Monocyten

D. Lymphocyten

E. Thrombocyten

1.33   1.8.3 (++)   Fragentyp D
                        1.8.4 (+++)
                        1.8.5 (++)

Welche der folgenden Aussagen zur Antigen-Antikörper-
Reaktion sind zutreffend?

1) Antigene sind hochmolekulare Substanzen (Polysaccharide, Polypeptide, Proteine) mit an der Ober-

fläche gelegenen, spezifisch reagierenden Gruppen (Determinanten).

2) Normalerweise bildet der Organismus gegen seine eigenen Makromoleküle keine Antikörper.

3) Bei einem zweiten Kontakt mit einem Antigen wird dieses von wenigen langlebigen Zellen, sogenannten "Gedächtniszellen", erkannt.

4) Die humoralen Antikörper gehören der α-Globulin-fraktion an.

5) Die humoralen Antikörper werden von den Plasma-zellen gebildet.

6) Bei der aktiven Immunisierung (Impfung) wird der Organismus durch Zufuhr spezifischer Antikörper in Form von Immunglobulin-Präparaten geschützt.

Wählen Sie die Antwort aus den folgenden Aussagen-kombinationen.

A. Nur 1, 2 und 3 sind richtig

B. Nur 2, 4 und 5 sind richtig

C. Nur 1, 2, 3 und 5 sind richtig

D. Nur 2, 3, 4 und 6 sind richtig

E. Alle Aussagen sind richtig

1.34
1.35   1.9.1 (+++)   Fragentyp B

Ordnen Sie die blutgruppenbestimmenden Antigene und Antikörper (Liste 1) ihrer Lokalisation im Blut (Liste 2) zu.

Liste 1   Liste 2

1.34 Agglutinogene (= Agglu-tinable Substanzen)   A. an der Erythrocyten-membran

1.35 Isohämagglutinine   B. im Inneren des Ery-throcyten

C. an der Leukocyten-membran

D. an der Thrombocyten-membran

E. im Blutplasma

1.36   1.9.2 (+++)   Fragentyp A

In welcher Antwort sind die Agglutinine (Isohämagglutinine) der betreffenden Blutgruppe <u>falsch</u> zugeordnet?

Blutgruppe	Agglutinine
A. A	Anti-B
B. B	Anti-A
C. AB	Anti-A
D. O	Anti-A, Anti-B

E. Die Zuordnung ist in allen Antworten A - D richtig

1.37   1.9.3 (++)   Fragentyp A

Die Hauptregel der Bluttransfusion lautet, daß nur
blutgruppengleiches Blut übertragen werden darf. Abgesehen davon, ist die Wahrscheinlichkeit für das Eintreten einer Unverträglichkeitsreaktion nach Transfusion incompatiblen Blutes unterschiedlich. Bei
welcher Konstellation besteht die höchste Wahrscheinlichkeit dafür, daß auch bei langsamer Transfusion
einer kleinen Menge incompatiblen Blutes mit einer
sofortigen Antigen-Antikörperreaktion (Transfusionsschock) zu rechnen ist?

Blutgruppe des Empfängers	Blutgruppe des Spenders
A. A_1	A_2
B. A_2	A_1
C. B	O
D. AB	B
E. O	A_1

1.38   1.9.4 (++)   Fragentyp A
                      1.9.5 (++)

Welche der folgenden Aussagen zur Rh-Incompatibilität
ist <u>falsch</u>?

A. Bei einer Schwangerschaft kann im Blut einer rh-
   negativen Mutter durch Kontakt mit den Erythrocyten
   eines Rh-positiven Feten eine Antikörperbildung
   (Sensibilisierung) ausgelöst werden.

B. Bei einer zweiten oder späteren Schwangerschaft
   können mütterliche Rh-Antikörper nach diaplacentarem
   Übertritt die Erythrocyten eines Rh-positiven Kindes
   zerstören (Erythromblastosis fetalis).

C. Bei einer Transfusion Rh-positiven Blutes bildet
   ein rh-negativer Empfänger Antikörper gegen die
   Rh-Antigene.

D. Bei einer Transfusion rh-negativen Blutes bildet
   ein Rh-positiver Empfänger Antikörper gegen die
   rh-Antigene.

E. In der Regel kann bei einem rh-negativen Mann eine
   Antigen-Antikörper-Reaktion (Transfusionsschock)
   erst bei einer zweiten Übertragung Rh-incompatiblen
   Blutes auftreten.

1.39   1.9.6 (+++)   Fragentyp A

Welche Blutgruppe des ABO-Systems liegt vor, wenn die
einfache Prüfung mit drei Testseren folgendes Ergebnis
liefert?

Im (Anti-B)-Serum: keine Agglutination

Im (Anti-A)-Serum: Agglutination

Im (Anti-A, Anti-B)-Serum: Agglutination

A. A

B. B

C. AB

D. O

E. Das Ergebnis ist nicht eindeutig

1.40   1.10.1 (I++)   Fragentyp A

Welchen pH-Wert hat ein 0,01-molare schwache Säure,
deren dissoziierter Anteil 1/100 beträgt?

A. 2

B. 4

C. 8

D. 12

E. Keine der Antworten A - D ist richtig

1.41   1.10.1 (+++)   Fragentyp A

Für den (extracellulären) pH-Wert des arteriellen
Blutes beträgt der Normbereich:

A. 6,07 - 6,13

B. 6,77 - 6,83

C. 6,97 - 7,03

D. 7,17 - 7,23

E. 7,37 - 7,43

1.42   1.10.2 (+++)   Fragentyp A

Welche der folgenden <u>Definitionen</u> ist zutreffend? Eine
Acidose des Blutes liegt vor, wenn

A. im arteriellen Blut die Zahl der H^+-Ionen die Zahl
   der OH^--Ionen übersteigt

B. der im arteriellen Blut gemessene extracelluläre
   pH > 7,43 ist

C. der im arteriellen Blut gemessene intracelluläre
   pH > 7,37 ist

D. der im arteriellen Blut gemessene extracelluläre
   pH < 7,37 ist

E. im arteriellen Blut ein Basendefizit besteht

1.43   1.10.3 (+)   Fragentyp D

An der Pufferfunktion des Blutes im physiologischen
pH-Bereich sind u.a. beteiligt:

1) H_2CO_3

2) HCO_3^-

3) $H_2PO_4^-$

4) HPO_4^{--}

In welcher Aussagenkombination sind diejenigen Verbindungen angegeben, die nach der Definition von
Brønstedt als Basen zu kennzeichnen sind?

A. Nur 2 und 3

B. Nur 2 und 4

C. Nur 3 und 4

D. Nur 2, 3 und 4

E. Alle genannten Verbindungen sind Säuren oder Be-
   standteile von Säuren und dürfen daher nicht als
   Basen bezeichnet werden

1.44   1.10.4 (++)   Fragentyp A

Die Pufferbasen-Konzentration ist definiert als die
Summe der Konzentrationen aller

A. einwertigen Anionen

B. einwertigen Kationen

C. Proteinat-Anionen

D. pufferwirksamen Kationen

E. Keine der Definitionen unter A - D ist zutreffend

1.45   1.10.5 (+++)   Fragentyp A
                        1.10.6 (+++)

Welche der nachfolgenden Aussagen zum Basenüberschuß
(base excess) ist _falsch_?

A. Der Basenüberschuß ist definiert als die Konzentrationsdifferenz zwischen den aktuellen (d.h. tat-
   sächlich im Blut vorliegenden) Pufferbasen und den
   Normal-Pufferbasen.

B. Der Normbereich des Basenüberschusses liegt zwischen
   -2,5 und +2,5 mäq/l.

C. Ein negativer Basenüberschuß wird auch als Basendefizit bezeichnet.

D. Eine kurzzeitige Änderung des arteriellen CO_2-
   Partialdruckes wirkt sich nicht auf den Wert des
   Basenüberschusses aus.

E. Ein Basendefizit (BE $<$ -2,5 mäq/l) zeigt eine
   relative Konzentrationsabnahme der fixen Säuren
   gegenüber der Norm an.

1.46
1.47   1.10.7 (+++)   Fragentyp B
1.48

Ordnen Sie den in Liste 1 genannten Krankheitsbildern
die zu erwartenden primären Störungen des Säure-Basen-
Status (Liste 2) zu.

Liste 1

1.46 Diabetes mellitus mit Anstieg der Ketonkörper
     im Blut

1.47 Obstruktion der Atemwege mit alveolärer Hypo-
     ventilation

1.48 Chronisches Erbrechen mit starkem HCl-Verlust

Liste 2

A. Respiratorische Acidose

B. Respiratorische Alkalose

C. Nichtrespiratorische Acidose

D. Nichtrespiratorische Alkalose

E. Eine Störung des Säure-Basen-Status des Blutes ist
   nicht zu erwarten.

1.49   1.10.7 (+++)   Fragentyp B
1.50

Ordnen Sie den angegebenen Meßergebnissen zum Säure-
Basen-Status des arteriellen Blutes (Liste 1) die
diagnostische Bewertung (Liste 2) zu (BE = Basenüberschuß).

Liste 1

1.49 pH = 7,30   BE = 0 mäq/l P_{CO_2} = 58 mm Hg

1.50 pH = 7,47   BE = + 10 mäq/l P_{CO_2} = 50 mm Hg

Liste 2

A. Nicht kompensierte, respiratorische Acidose

B. Teilweise kompensierte, respiratorische Acidose

C. Teilweise kompensierte, nichtrespiratorische Acidose

D. Nicht kompensierte, respiratorische Alkalose

E. Teilweise kompensierte, nichtrespiratorische
   Alkalose

1.51   1.10.8 (+++)   Fragentyp C

Eine primäre nichtrespiratorische (z.B. metabolische)
Acidose kann sekundär durch eine Hypoventilation
kompensiert werden,

<u>weil</u>

mit der Abnahme des arteriellen CO_2-Partialdruckes der
pH-Wert des Blutes ansteigt.

1.52   1.10.9 (++)   Fragentyp A
                        1.10.10 (++)

Welche Aussage zur Bestimmung des Säure-Basen-Status
nach dem Astrup-Verfahren ist <u>falsch</u>?

A. Durch Äquilibrieren zweier Blutproben mit Gasgemischen von unterschiedlichem P_{CO_2} und an-
   schließender pH-Messung werden zwei für den Säure-
   Basen-Status charakteristische P_{CO_2}-pH-Wertpaare
   festgelegt.

B. Die ermittelten P_{CO_2}-pH-Wertpaare werden in ein
   Diagramm mit log P_{CO_2} auf der Ordinate und pH auf
   der Abscisse eingetragen.

C. Die Verbindungsgerade der beiden durch Äquili-
   brierung gewonnenen Punkte im log P_{CO_2}-pH-Diagramm
   (= Äquilibrierungsgerade) schneidet die Basen-
   überschuß-Skala in dem gesuchten BE-Wert.

D. Der aktuelle pH-Wert wird dadurch gewonnen, daß der
   aktuelle CO_2-Partialdruck direkt gemessen und der
   zugehörige pH-Wert an der Äquilibrierungsgeraden
   abgelesen wird.

E. Die Mittelwerte für die charakteristischen Größen
   des Säure-Basen-Status im arteriellen Blut des
   Gesunden sind: pH = 7,40, BE = 0 mäq/l und P_{CO_2} =
   40 mm Hg.

Kapitel 2
Herz (R. Rüdel, J. Schmier, G. Thews)

Welche Aussage trifft <u>nicht</u> zu? Die im Laufe der Evolution entwickelte Serienschaltung von Lungen- und Körperkreislauf hat den Vorteil, daß

A. nahezu das gesamte umlaufende Blut in der Lunge arterialisiert wird

B. der Lungenkreislauf bei erheblich niedrigerem Druck betrieben werden kann als der Körperkreislauf

C. die Antriebsfunktion auf zwei Ventrikelpumpen konzentriert werden kann

D. bei Ausfall einer Ventrikelpumpe die andere die gesamte Arbeit kurzzeitig übernehmen kann

E. die Regulierung der parallel geschalteten Unterabteilungen des Körperkreislaufes unabhängig vom Lungenkreislauf wird

Welche Aussage trifft zu? Die Zellen des Herzmuskels sind zu einer funktionellen Einheit gekoppelt, weil sie alle

A. die gleiche elektrische Schwelle haben

B. an das spezifische Erregungsleitungssystem angeschlossen sind

C. von einem einzigen erregenden Herznerven versorgt werden

D. potentielle Schrittmachereigenschaften besitzen

E. durch Glanzstreifen niederohmig mit ihren Nachbarzellen verbunden sind

2.03	2.2.2 (+++)	Fragentyp A

Welche Aussage trifft zu? Die Aktionspotentialdauer
des menschlichen Kammermyokards schwankt je nach Herzfrequenz zwischen

A.   1 -   5 ms

B.   5 -   20 ms

C.   20 - 100 ms

D. 100 - 200 ms

E. 200 - 500 ms

2.04	2.2.2 (+++)	Fragentyp D

Das Aktionspotential des Kammermyokards unterscheidet
sich von dem Nervenaktionspotential durch

1) einen Schrittmacher (Präpotential)

2) eine schnellere Anstiegssteilheit

3) eine längere Dauer

4) eine größere Amplitude

Wählen Sie die zutreffende Aussagenkombination.

A. Nur 1 ist richtig

B. Nur 3 ist richtig

C. Nur 2 und 3 sind richtig

D. Nur 3 und 4 sind richtig

E. Alle Angaben sind richtig

2.05
2.06
2.07   2.2.3 (++)   Fragentyp B

Während welcher der in Liste 2 aufgezählten Phasen der
Herzaktionspotentiale sind die in Liste 1 aufgeführten
Ionenströme am größten?

<u>Liste 1</u>   <u>Liste 2</u>

2.05 Ca^{++}-Strom   A. Schrittmacher (Präpotential)

2.06 K^+-Strom   B. Aufstrich

2.07 Na^+-Strom   C. Plateau

                            D. Repolarisation

                            E. Ruhepotential

2.08   2.2.3 (++)   Fragentyp A

Welche Aussage trifft zu? Der Ionenstrom durch die
Zellmembran, welcher die schnelle Depolarisationsphase
des Herzaktionspotentials verursacht, ist ein

A. Na^+-Einwärtsstrom

B. Na^+-Auswärtsstrom

C. K^+-Einwärtsstrom

D. K^+-Auswärtsstrom

E. gemischter Na^+- und K^+-Strom

2.09   2.2.4 (+++)   Fragentyp A

Welche Aussage trifft zu? Der früheste Zeitpunkt, zu
dem sich eine Extrasystole auslösen läßt, ist

A. das Ende der Depolarisationsphase

B. die Plateauphase

C. die Mitte der Repolarisationsphase

D. das Ende der Repolarisationsphase

E. das Ende der Diastole

2.10 2.2.4 (+++) Fragentyp C

Stärkerer Stromfluß durch das Herz, z.B. beim elektrischen Unfall, bleibt meist folgenlos, wenn er während der Erregungsphase stattfindet,

weil

zu diesem Zeitpunkt das Herz refraktär ist.

2.11 2.2.5 (++) Fragentyp A

Welche Aussage trifft <u>nicht</u> zu? Die Erregungsausbreitung im Herzen

A. nimmt ihren Ursprung im Sinusknoten
B. wird über ein spezifisches Leitungssystem vom Sinusknoten zum AV-Knoten geleitet
C. ist beim Durchgang durch den AV-Knoten verlangsamt
D. verläuft im Hisschen Bündel schneller als im Arbeitsmyokard
E. kann im AV-Knoten besonders leicht geblockt werden

2.12 2.2.6 (+) Fragentyp C

Durch eine kardioplege Lösung kann man für längere Zeit das Herz ruhigstellen,

weil

diese durch ihren hohen K^+-Gehalt eine Dauerdepolarisation der Zellen hervorruft.

2.13 2.2.7 (+) Fragentyp C

Die Vorhöfe neigen weniger zum Flimmern als die Kammern,

weil

sie näher am primären Schrittmachergewebe liegen.

2.14	2.2.8 (+)	Fragentyp D
	2.4.5 (+)	

Folgende Einflüsse begünstigen das Entstehen von Myokardflimmern:

1) Herabsetzung der Leitungsgeschwindigkeit

2) Ischämie

3) Verlängerung der Refraktärzeit

4) Sympathicusreiz

Wählen Sie die zutreffende Aussagenkombination.

A. Nur 1 und 2 sind richtig

B. Nur 1 und 3 sind richtig

C. Nur 1, 2 und 4 sind richtig

D. Nur 2, 3 und 4 sind richtig

E. Alle Angaben sind richtig

2.15	2.3.1 (++)	Fragentyp B
2.16		

Ordnen Sie bitte den beiden in Liste 1 genannten Stannius-Ligaturen das Herzgebiet (Liste 2) zu, welches durch die Ligatur vom Rest des Herzens abgetrennt wird.

Liste 1	Liste 2
2.15 1. Stannius-Ligatur	A. Herzspitze
2.16 2. Stannius-Ligatur	B. Vorhöfe
	C. Sinus venosus
	D. Rechter Ventrikel
	E. Septum

2.17	2.3.2 (+++)	Fragentyp A

Welche Aussage trifft zu? Das Schrittmacherpotential in den Zellen des Sinusknotens kommt dadurch zustande, daß die Membranpermeabilität für

A. Na^+ zunimmt

B. Na^+ abnimmt

C. K^+ zunimmt

D. K^+ abnimmt

E. Ca^{++} zunimmt

2.18   2.3.3 (+)   Fragentyp C

Unter anoxischen Bedingungen kommen besonders häufig
Extrasystolen zustande,

<u>weil</u>

das Erregungsleitungssystem im Sauerstoffmangel zur
Bildung von Doppelschlägen neigt.

2.19   2.4.1 (+)   Fragentyp A

Welche Aussage trifft zu? Der klassische Versuch von
Otto Loewi war Beweis dafür, daß

A. Vagusreiz einen spezifischen humoralen Überträgerstoff freisetzt

B. der Vagusstoff Acetylcholin ist

C. Vagusreiz den Herzschlag verlangsamt

D. Vagusreiz die Kontraktionskraft des Herzens vermindert

E. Vagusreiz nur auf die Vorhöfe wirkt

2.20   2.4.2 (+++)   Fragentyp A

Welche Aussage trifft zu? Reizung des N. vagus bewirkt
am Sinusknoten des menschlichen Herzens eine

A. Verlängerung der Aktionspotentialdauer

B. Erniedrigung des Ruhepotentials

C. Verlangsamung der diastolischen Depolarisation

D. Verkleinerung der Aktionspotentialamplitude

E. Erniedrigung der K^+-Permeabilität

2.21   2.4.2 (+++)   Fragentyp A

Welche Aussage trifft zu? Die Wirkung des Parasympathicus am Ventrikelmyokard ist

A. negativ chronotrop

B. negativ dromotrop

C. negativ inotrop

D. negativ bathmotrop

E. physiologisch bedeutungslos

2.22   2.4.3 (+++)   Fragentyp A

Welche Aussage trifft zu? Reizung des N. sympathicus
hat am normalen Kammermyokard folgende Wirkung:

A. Erhöhung der Erregbarkeit

B. Verlängerung der Aktionspotentialdauer

C. Beschleunigung der Erregungsleitung

D. Vergrößerung der Aktionspotentialamplitude

E. Vermehrung des freien intracellulären Ca^{++}

2.23   2.4.4 (+++)   Fragentyp D
                       2.4.6 (++)

Welche Aussage trifft zu? Die Wirkung von Adrenalin und
Noradrenalin am Ventrikelmyokard

1) ist positiv inotrop

2) wird durch ß-Receptoren vermittelt

3) ist positiv chronotrop

4) besteht in einer Verbesserung der elektromechanischen
   Kopplung

Wählen Sie die zutreffende Aussagenkombination.

A. Nur 1 ist richtig

B. Nur 1 und 2 sind richtig

C. Nur 1, 2 und 4 sind richtig

D. Nur 2, 3 und 4 sind richtig

E. Alle Angaben sind richtig

2.24   2.4.5 (+)   Fragentyp A

Welche Aussage trifft zu? Starke Sympathicuserregung kann Kammerflimmern begünstigen, weil Noradrenalin

A. das Aktionspotential verlängert

B. das Aktionspotential verkürzt

C. die atrio-ventriculäre Überleitung verlängert

D. die atrio-ventriculäre Überleitungszeit verkürzt

E. die Kontraktilität erhöht

2.25   2.4.6 (++)   Fragentyp A
                         2.4.7 (+)

Welche Aussage trifft **nicht** zu? Eine Steigerung der Kontraktilität des Herzens wird bewirkt durch

A. Digitalis

B. Noradrenalin

C. Coffein

D. Chinidin

E. Calcium-Ionen

2.26   2.4.8 (++)   Fragentyp D

Wirkungen, die über afferente Nerven vom Herzen ausgelöst werden können, umfassen

1) Bradykardie

2) Diurese

3) Tachykardie

4) Apnoe

5) Blutdruckabfall

Wählen Sie die zutreffende Aussagenkombination.

A. Nur 1 und 5 sind richtig

B. Nur 2 und 3 sind richtig

C. Nur 1, 3, 4 und 5 sind richtig

D. Nur 1, 2, 4 und 5 sind richtig

E. Alle Angaben sind richtig

2.27   2.5.2 (+++)   Fragentyp A

Welche Aussage trifft zu? Bei den Standard-EKG Ableitungen nach Einthoven

A. werden die Ableitungen vom rechten Arm, linkem Arm
   und linkem Bein über Widerstände zu einer indifferenten Elektrode zusammengeschaltet, dann wird
   von den einzelnen Extremitäten gegen diese indifferente Elektrode abgeleitet

B. wird vom rechten Arm gegen den linken Arm und vom
   rechten bzw. linken Arm gegen das linke Bein abgeleitet

C. wird jeweils von den beiden Armen und vom linken
   Bein gegen eine indifferente Elektrode auf der
   Brustwand abgeleitet

D. wird jeweils von den beiden Armen und vom linken
   Bein gegen das geerdete rechte Bein abgeleitet

E. werden von den beiden Armen und vom linken Bein jeweils zwei Ableitungen über Widerstände zusammengeschaltet, dann wird gegen die dritte Extremität abgeleitet

2.28   2.5.1 (++)   Fragentyp C

Die Standard-Ableitungen des EKG lassen sich als Pro-
jektionen eines variablen Summenvektors auf die je-
weilige Ableitungsrichtung deuten,

weil

die Erregungsausbreitungen im Myokard nach Richtung
und Größe als Vektoren dargestellt werden können, die
sich in jedem Augenblick zu einem Momentanvektor
summieren.

2.29   2.5.2 (+++)   Fragentyp B
2.30

Ordnen Sie den in Liste 1 genannten Standardableitungen des EKG (nach Einthoven) die Lokalisation der Ableitelektroden (Liste 2) zu.

Liste 1	Liste 2
2.29 Standard- ableitung II	A. Rechter Arm - linker Arm
	B. Rechter Arm - linkes Bein
2.30 Standard- ableitung III	C. Rechter Arm - rechtes Bein
	D. Linker Arm - linkes Bein
	E. Linker Arm - rechtes Bein

2.31   2.5.3 (+++)   Fragentyp C

Bei einem Steiltyp der Herzlage ist die Amplitude der R-Zacke in der EKG-Ableitung I (nach Einthoven) größer als in den Ableitungen II und III,

<u>weil</u>

der größte momentane Summenvektor (zur Zeit der R-Zacke) etwa mit der anatomischen Herzachse übereinstimmt.

2.32   2.5.4 (++)   Fragentyp A

Die R-Zacke im EKG ist Ausdruck der Erregungsausbreitung

A. in den Vorhöfen

B. im Hisschen Bündel von basal nach apical

C. in der Herzscheidewand und in den Papillarmuskeln von apical nach basal

D. im inneren und im spitzenwärts gelegenen Myokard von basal nach apical

E. in den Ventrikelwänden von apical nach basal

2.33 2.34 2.35	2.5.4 (++)	Fragentyp B

Ordnen Sie den in Liste 1 genannten EKG-Charakteristika
die entsprechenden physiologischen Ereignisse der
Liste 2 zu.

<u>Liste 1</u>

2.33 PQ-Intervall

2.34 Anstiegsphase der
     R-Zacke

2.35 Ende der T-Welle

<u>Liste 2</u>

A. Beginn der Vorhofskon-
   traktion

B. Beginn der Ventrikelsystole

C. Ende der Ventrikelsystole

D. Überleitungszeit (vom Sinusknoten zum AV-Knoten)

E. Zeit der intraventriculären
   Erregungsausbreitung

2.36	2.5.5 (++)	Fragentyp A

Welche Rhythmusstörung des Herzens liegt vor, wenn die
EKG-Aufzeichnung folgendes Bild ergibt? Die P-Wellen
weisen einen normalen Sinusrhythmus auf; jeder dritte
Kammerkomplex fehlt (bei unveränderter Form der übrigen
Kammerkomplexe).

A. AV-Rhythmus

B. Totaler Block

C. Partieller Block

D. Absolute Arrhythmie

E. Ventriculäre Extrasystolen

2.37	2.5.6 (++)	Fragentyp A

Wie bezeichnet man die EKG-Ableitung, bei der die dif-
ferente Elektrode auf die Brustwand im 5. Intercostalraum links, medioclavicular, aufgesetzt wird und die
indifferente Elektrode durch Zusammenschluß von drei
Extremitätenelektroden über je einen Widerstand gebildet wird?

A. Einthoven-Ableitung I

B. Goldberger-Ableitung aVR

C. Goldberger-Ableitung aVF

D. Wilson-Ableitung V_1

E. Wilson-Ableitung V_4

2.38   2.5.7 (+)   Fragentyp C

Ein künstlicher Herzschrittmacher, der die Herzaktion durch rhythmische Stromstöße stimuliert, darf nur für die Dauer von maximal 24 Stunden eingesetzt werden,

<u>weil</u>

die implantierten Reizelektroden bei längerem Kontakt mit dem Gewebe das Myokard schädigen.

2.39   2.6.1 (+++)   Fragentyp D

Welche mit der Herzaktion gekoppelten Ereignisse charakterisieren den Zeitpunkt des Diastolenbeginns?

1) Beginn des 1. Herztones

2) Beginn des 2. Herztones

3) R-Zacke im EKG

4) Ende der T-Welle im EKG

5) Incisur der Aortenpulskurve

6) Maximum der dikroten Welle der Femoralispulskurve

Welche Aussagenkombination ist zutreffend?

A. Nur 2 und 3

B. Nur 3, 4 und 5

C. Nur 1, 3 und 5

D. Nur 2, 4 und 6

E. Nur 2, 4 und 5

2.40   2.6.1 (+++)   Fragentyp D
                         2.6.2 (+++)

In welchen Phasen der Herztätigkeit sind die Taschenklappen geschlossen?

1) Während der Anspannungsphase

2) Während der Austreibungsphase

3) Während der Entspannungsphase

4) Während der Füllungsphase

5) Während der gesamten Systole

Wählen Sie die Antwort aus dem folgenden Kombinations-
schema.

A. Nur 1 und 3 sind richtig

B. Nur 2 und 4 sind richtig

C. Nur 1, 3 und 4 sind richtig

D. Nur 1, 2 und 3 sind richtig

E. Nur 1, 2 und 5 sind richtig

2.41   2.6.2 (+++)   Fragentyp A

In welcher Zeile ist die Tätigkeitsphase des Herzens
der daneben angegebenen Bedingung für die Druck- bzw.
Volumenänderung richtig zugeordnet?

Phase der Herzaktion	Bedingung für die Druck- bzw. Volumenänderung
A. Anspannungsphase	isotonisch
B. Austreibungsphase	isotonisch
C. Entspannungsphase	isovolumetrisch
D. Füllungsphase	isovolumetrisch
E. Anspannungsphase	auxotonisch

2.42   2.6.3 (++)   Fragentyp D

Welche der nachfolgend genannten Charakteristika gelten
für den 2. Herzton?

1) Kurz und hell

2) Lang und dumpf

3) Ausgelöst durch Ventrikelanspannung

4) Ausgelöst durch Schluß der Taschenklappen

5) Beginn des Tones am Anfang der Systole

6) Beginn des Tones am Anfang der Diastole

Wählen Sie die zutreffende Kombination aus folgendem
Schema.

A. 1, 3 und 5 sind richtig

B. 2, 4 und 6 sind richtig

C. 1, 3 und 6 sind richtig

D. 1, 4 und 6 sind richtig

E. 2, 4 und 5 sind richtig

2.43   2.6.3 (++)   Fragentyp A

Bei einem Patienten wurde ein diastolisches Geräusch
(Diastolicum) am deutlichsten im 5. Intercostalraum
links, medioclavicular, wahrgenommen. Welcher Klappen-
fehler könnte in diesem Fall vorliegen?

A. Mitralstenose

B. Tricuspidalstenose

C. Pulmonalinsuffizienz

D. Mitralinsuffizienz

E. Tricuspidalinsuffizienz

2.44	2.6.5 (++)	Fragentyp A

Die Ruhedehnungskurve des Herzens zeigt an, daß

A. die Volumenänderung des Ventrikels in Ruhe dem einwirkenden Füllungsdruck proportional ist

B. bei mitlerer Füllung des Ventrikels eine maximale Druckentwicklung möglich ist

C. die Füllung des entspannten Ventrikels unabhängig vom einwirkenden Füllungsdruck ist

D. sich die Druck-Volumen-Beziehung für das ruhende Herz von der des schlagenden Herzens in der Füllungsphase unterscheidet

E. die Dehnbarkeit des Ventrikels mit steigendem Füllungsdruck abnimmt

2.45	2.6.6 (+++)	Fragentyp A

Die Abstimmung der Schlagvolumina von rechtem und linkem Herzen, die bei intaktem Kreislauf praktisch gleichgroß sind, erfolgt durch

A. den extrakardialen Mechanismus

B. den Frank-Starling-Mechanismus

C. die negativ dromotrope Wirkung des linken N. vagus

D. die positiv inotrope Wirkung der sympathischen Herznerven

E. die negativ inotrope Wirkung der Nn. vagi

2.46	2.6.7 (++)	Fragentyp D

Welche Veränderungen in der Mechanik der Herzaktion sind normalerweise mit einer Zunahme des Sympathicustonus gekoppelt?

1) Zunahme des enddiastolischen Volumens

2) Abnahme des endsystolischen Volumens

3) Linksverlagerung der Kurve der Unterstützungsmaxima (auxotonischen Maxima)

4) Rechtsverlagerung der Kurve der isovolumetrischen Maxima

5) Zunahme der Druck-Volumen-Arbeit

6) Abnahme des Schlagvolumens

Welche Aussagenkombination ist zutreffend?

A. Nur 1 und 5

B. Nur 3 und 4

C. Nur 1, 3 und 6

D. Nur 2, 3 und 4

E. Nur 2, 3 und 5

| 2.47 | 2.6.8 (++) | Fragentyp C |

Bei erhöhter Herzfrequenz kann trotz Abnahme der
Systolendauer ein gleichgroßes Schlagvolumen wie in
Ruhe oder sogar ein gesteigertes Schlagvolumen gegen
einen konstanten Widerstand ausgeworfen werden,

<u>weil</u>

gleichzeitig durch Aktivierung des Sympathicus die
Druckanstiegs-Geschwindigkeit zunimmt.

| 2.48 | 2.6.9 (++) | Fragentyp A |

Welche der nachfolgend genannten Größen stellt das ge-
eignetste Maß für die Kontraktilität des Herzmuskels
dar?

A. Das maximale Schlagvolumen

B. Die maximale Druckanstiegs-Geschwindigkeit

C. Die maximale Herzfrequenz

D. Die maximale enddiastolische Füllung

E. Der maximale endsystolische Druck

2.49   2.6.1 (+++)   Fragentyp A

In welcher Zeile sind alle Normwerte (Herzfrequenz,
Schlagvolumen des linken Ventrikels und Herzzeitvolumen) für einen untrainierten Erwachsenen in körperlicher Ruhe richtig angegeben?

	Herzfrequenz (1/min)	Schlagvolumen des linken Ventrikels (ml)	Herzzeitvolumen (1/min)
A.	17	60	10
B.	70	140	10
C.	14	70	10
D.	120	42	5
E.	70	70	5

2.50   2.6.11 (+++)   Fragentyp A

Von welchem der nachfolgend genannten Parameter ist die
Herzfrequenz eines gesunden 20jährigen Menschen in
körperlicher und psychischer Ruhe hauptsächlich abhängig?

A. Vom Körpergewicht

B. Von der Körpergröße

C. Vom Trainingszustand

D. Vom Geschlecht

E. Von der Rasse

2.51   2.6.13 (+++)   Fragentyp A

Bei der Bestimmung des Herzvolumens wurden bei einer
Versuchsperson folgende Meßdaten ermittelt:

O_2-Aufnahme: 480 ml/min,

arterielle O_2-Konzentration: 20 Vol%,

venöse O_2-Konzentration: 14 Vol%.

Wie groß ist nach dem Fickschen Prinzip das Herzzeitvolumen?

A. 3,4 l/min

B. 5,0 l/min

C. 8,0 l/min

D. 12,5 l/min

E. 24,0 l/min

2.52   2.6.14 (++)   Fragentyp A

Welche der folgenden Aussagen über die Bestimmung des Herzzeitvolumens (HZV) nach Stewart-Hamilton ist falsch?

A. Das Meßprinzip beruht auf der venösen Injektion einer bekannten Indikator-(Farbstoff)-Menge und der anschließenden Konzentrationsbestimmung im arteriellen Blut.

B. Die arterielle Konzentrationsmessung erfolgt erst, nach dem sich der Indikator gleichmäßig im Gefäßsystem verteilt hat (etwa nach 10 min).

C. Als Indikatoren sind Farbstoffe geeignet, die nicht toxisch wirken.

D. Die arterielle Farbstoffkonzentration kann mit Hilfe eines Ohrläppchen-Photometers gemessen werden.

E. Aus dem primär bestimmten Plasmafluß wird das HZV mit Hilfe des Hämatokrit-Wertes berechnet.

2.53   2.7.1 (+++)   Fragentyp A

Wie groß ist etwa die spezifische Durchblutung des Myokards für einen Menschen in körperlicher Ruhe?

A.   4 ml/100 g · min

B.   8 ml/100 g · min

C. 20 ml/100 g · min

D. 80 ml/100 g · min

E. 400 ml/100 g · min

2.54	2.7.2 (+++)	Fragentyp D

Welche Einflüsse bewirken hauptsächlich eine Steigerung der Coronardurchblutung?

1) P_{CO_2}-Zunahme im Myokard

2) P_{O_2}-Abnahme im Myokard

3) pH-Abnahme im Myokard

4) Aktivierung sympathischer α-Receptoren

5) Aktivierung sympathischer ß-Receptoren

Wählen Sie die zutreffende Aussagenkombination aus folgendem Schema.

A. 1 und 4 sind richtig

B. 2 und 5 sind richtig

C. 3 und 4 sind richtig

D. 2 und 4 sind richtig

E. Nur 5 ist richtig

2.55	2.7.3 (+)	Fragentyp C

Als Maß für die Güte der Coronardurchblutung dient das Verhältnis der arteriellen O_2-Konzentration zur arterio-venösen O_2-Konzentrationsdifferenz (C_{aO_2}/avD_{O_2}),

<u>weil</u>

das Verhältnis C_{aO_2}/avD_{O_2} dem für die Gewebeversorgung maßgebenden Verhältnis O_2-Angebot/O_2-Verbrauch gleich ist.

Kapitel 3
Blutkreislauf (V. Thämer)

Zu welchem der folgenden Kreislaufabschnitte gehört der rechte Ventrikel funktionell?

A. Widerstandsgefäße

B. Windkesselgefäße

C. Kapazitätsgefäße

D. Niederdrucksystem

E. Arterielles System

Normalerweise ist das Blutvolumen auf die verschiedenen Gefäßgebiete des Kreislaufs folgendermaßen verteilt:

	Arterien- system	Extrathora- kale Nieder- druckgefäße	Intrathora- kale Körper- venen und rechtes Herz	Alle Lungenge- fäße und linkes Herz (zentrales Blutvolumen)	
A.	15	55	11	19	%
B.	41	29	12	18	%
C.	9	81	5	5	%
D.	11	39	41	9	%
E.	15	35	9	41	%

3.03	3.1.3 (+++)	Fragentyp B
3.04		
3.05		
3.06		

Ordnen Sie den aufgeführten Teilen des Blutkreislaufs (Liste 1) den normalerweise im Liegen herrschenden mittleren Blutdruck (Liste 2) zu.

Liste 1	Liste 2
3.03 Aorta	A. 8 mm Hg
3.04 Capillaren der Skelettmuskulatur	B. 15 mm Hg
	C. 25 mm Hg
3.05 A. pulmonalis	D. 60 mm Hg
3.06 Linker Vorhof	E. 100 mm Hg

3.07	3.1.3 (+++)	Fragentyp A

Welches der genannten Gefäße wird nicht zum Niederdrucksystem gezählt?

A. Vena portae

B. Arteria pulmonalis

C. Arteria coronaria dextra

D. Vena jugularis

E. Linker Vorhof

3.08	3.1.4 (++)	Fragentyp D

Welche der folgenden Aussagen über die Kreislaufzeit für den gesamten Organismus sind zutreffend?

1) Sie läßt sich ermitteln, indem man die Sauerstoffaufnahme/Zeiteinheit (in ml/min) durch die arteriovenöse O_2-Differenz (in Vol%) dividiert.

2) Sie ist kürzer für Stoffe, die im Axialstrom transportiert werden, als für solche, die sich im Randstrom bewegen.

3) Sie wird bestimmt, indem man eine Testsubstanz venös injiziert und die Zeit mißt, bis sie sich an einer entfernten Stelle durch Geruch oder Geschmack markiert.

4) Sie ist abhängig von der Pulswellengeschwindigkeit.

5) Sie ist die Zeit, die das Blut braucht, um von einem
   beliebigen Punkt der Gefäßbahn durch das Herz wieder
   zum gleichen oder zum entsprechenden contralateralen
   Punkt zu gelangen.

Wählen Sie bitte die Aussagenkombination.

A. 1, 2 und 4 sind richtig

B. 1 und 5 sind richtig

C. 3 und 4 sind richtig

D. 2 und 5 sind richtig

E. Alle Aussagen sind richtig

3.09   3.1.5 (++)   Fragentyp A
____

Die Blutstromstärke in der Aorta ist von einem der aufgeführten Faktoren unabhängig. Geben Sie diesen an.

A. Transmurale Druckdifferenz

B. Druckdifferenz zwischen Anfang und Ende der gemessenen Strecke

C. von der Länge der gemessenen Strecke

D. von der Viscosität des Blutes

E. vom Gefäßradius

3.10   3.1.5 (++)   Fragentyp A

Wenn das Poiseuillesche Gesetz streng gültig sein soll,
müssen mehrere Bedingungen erfüllt sein. Geben Sie diejenige Antwort an, die gegen diese Voraussetzungen ver-
stößt.

A. In einem zylindrischen Rohr muß eine stationäre
   (gleichförmige) Strömung vorhanden sein.

B. Die Flüssigkeit muß homogen sein.

C. Die Strömung muß turbulent sein.

D. Die Strömung muß ein parabelförmiges Geschwindig-
   keitsprofil aufweisen.

E. Die äußere Flüssigkeitsschicht muß an der Rohrwand
   haften.

3.11   3.2.1 (+++)   Fragentyp D

Die sogenannte Windkesselwirkung des arteriellen
Systems hat zur Folge, daß

1) ein bestimmtes mittleres Druckniveau im Arterien-
   system aufrechterhalten wird und die pulsatorischen
   Druckschwankungen normalerweise nur etwa $\pm$ 20 %
   davon betragen

2) in den Capillaren des Körperkreislaufs eine nahezu
   gleichförmige Blutströmung herrscht

3) die Arbeitsleistung des Herzens vermindert wird

4) der Druck in mittelgroßen arteriellen Gefäßen nie
   auf Null absinkt

Wählen Sie bitte die Antwortkombination.

A. 1 und 2 sind richtig

B. 1 und 3 sind richtig

C. 1, 2 und 3 sind richtig

D. 3 und 4 sind richtig

E. Alle Angaben sind richtig

3.12   3.2.3 (++)   Fragentyp D

Welche Aussagen über die <u>zentrale</u> Pulswellengeschwindigkeit sind zutreffend?

1) Sie beträgt bei einem 20jährigen etwa 4 - 5 m/s.

2) Sie steigt mit größerem Volumenelastizitätsmodul.

3) Sie fällt mit größerer Strömungsgeschwindigkeit des Blutes.

4) Sie ist abhängig von der Dichte des Blutes.

5) Sie wird bestimmt aus der Zeitdifferenz zwischen 2. Herzton und Auftreten der Incisur im Carotisdruckpuls.

Wählen Sie die Antwortkombination.

A. 1, 2 und 3 sind richtig

B. 2, 3 und 4 sind richtig

C. 1, 2, 4 und 5 sind richtig

D. Nur 5 ist richtig

E. Alle Angaben sind richtig

3.13   3.2.4 (++)   Fragentyp C

Die Pulswellengeschwindigkeit steigt in weiter peripher gelegenen Arterien an,

<u>weil</u>

die Elastizität der peripheren Arterien im Vergleich zu der der Aorta geringer ist.

3.14   3.2.5 (++)   Fragentyp C

Bei genügend empfindlicher Registrierung des Blutdrucks zeigt sich in den peripher gelegenen großen Arterien (z.B. in der A. femoralis) ein zweiter kleinerer Druckanstieg in der Pulskurve während der Diastole,

<u>weil</u>

die ankommende Druckwelle weiter peripher teilweise reflektiert wird.

3.15 3.2.6 (+++) Fragentyp A

Welche Aussage trifft für den Druck im arteriellen
System beim liegenden Menschen zu?

A. Die Blutdruckamplitude beträgt etwa 20 % des Mitteldrucks.

B. Am Ende der Diastole ist der Druck im linken Ventrikel etwa 80 mm Hg.

C. Das Druckmaximum im linken Ventrikel ist höher als
das in der A. femoralis.

D. Der hydrostatische Druck ist in den Beinarterien
höher als in der A. carotis.

E. Der Mitteldruck ist im linken Ventrikel niedriger
als in der Aorta.

3.16 3.2.10 (+++) Fragentyp D

Über welche der angedeuteten Wege kommt es bei
einem plötzlichen mäßigen Blutdruckabfall zu einem
schnellen kompensatorischen Wiederanstieg des Blutdrucks?

1) Chemoreceptoren - Sympathicus - Adrenalinfrei-
setzung

2) Chemoreceptoren - Parasympathische Fasern - Herzfrequenz

3) Pressoreceptoren - Sympathicus - Gefäßweite

4) Pressoreceptoren - Vagus - Herzfrequenz

5) Absinken des Filtrationsdruckes - Flüssigkeitsaufnahme aus dem Extravasalraum - vergrößertes venöses
Angebot

Wählen Sie bitte die Antwortkombination.

A. 1 und 2 sind richtig

B. 1 und 3 sind richtig

C. 2 und 3 sind richtig

D. 3 und 5 sind richtig

E. 3 und 4 sind richtig

3.17   3.2.11 (+++)   Fragentyp D

Wovon hängt die Aktivität der Pressoreceptoren des
Carotissinus ab?

1) Vom mittleren Blutdruck

2) Von der Geschwindigkeit der pulsatorischen Änderung
   des Blutdrucks

3) Vom Stromzeitvolumen in der A. carotis interna

4) Von der Änderung des osmotischen Druckes

5) Von der Viscosität des Blutes

Wählen Sie bitte die Antwortkombination.

A. 1 und 2 sind richtig

B. 1, 2 und 4 sind richtig

C. 2, 4 und 5 sind richtig

D. 3 und 5 sind richtig

E. 2 und 3 sind richtig

3.18   3.2.11 (+++)   Fragentyp A

Die Pressoreceptorenreflexe stellen den Blutdruck auf
einen möglichst konstanten Wert ein. Sie wirken dabei
vorwiegend in folgendem Fall stabilisierend:

A. Bei der Verhütung sog. Hochdruckkrankheit

B. Bei der Einstellung der Homöostase des Drucks über
   lange Zeit

C. Bei einer Veränderung der Blutgase

D. Bei raschen Vorgängen, z.B. plötzlichem Absinken
   des arteriellen Drucks

E. Bei Volumenänderungen im rechten Vorhof

3.19   3.2.12 (+)   Fragentyp C

Nach Ausschaltung aller Afferenzen von den Pressoreceptoren steigt der Blutdruck an,

weil

die Aktivität der sympathischen Fasern gesteigert wird.

3.20   3.3.1 (+++)   Fragentyp D

Das Ausmaß der Gefäßwiderstandszunahme nach Aktivierung
sympathischer Fasern kann abgestuft sein durch

1) die Frequenz der sympathischen Aktionspotentiale
   (in einem Bereich von 1 - 10 Hz)

2) Stoffwechselsteigerung (z.B. in der Muskulatur)

3) eine Änderung der Außentemperatur (z.B. in der Haut)

4) die unterschiedliche Dichte der sympathischen
   Innervation in verschiedenen Gefäßgebieten

Wählen Sie die Antwortkombination.

A. 1, 2 und 3 sind richtig

B. 1, 3 und 4 sind richtig

C. 2 und 3 sind richtig

D. 1, 2 und 4 sind richtig

E. Alle Antworten sind richtig

3.21   3.3.2 (++)   Fragentyp A

Während Muskelarbeit ist der periphere Widerstand
dieses Gefäßgebietes herabgesetzt. Dieser Effekt beruht vorwiegend auf

A. der Aktivierung dilatatorisch wirksamer Fasern

B. der Hemmung constrictorisch wirksamer Fasern

C. der Temperatursteigerung während der Arbeit

D. erhöhtem Stoffwechsel im Muskel

E. Freisetzung vorwiegend von Adrenalin an den Nervenendigungen

3.22	3.3.3 (+++)	Fragentyp C

Eine Abnahme des mittleren arteriellen Drucks von 100 auf 70 mm Hg läßt den Blutfluß durch die Niere entsprechend auf 70 % des Ausgangswertes absinken,

<u>weil</u>

dadurch die Druckdifferenz zwischen Arteria und Vena renalis geringer geworden ist.

3.23	3.3.5 (++)	Fragentyp A

Unter myogener Reaktion versteht man

A. die reaktive Kontraktion oder Erschlaffung der Gefäßmuskeln bei Änderungen des Blutdrucks

B. die Durchblutungssteigerung bei Muskeltätigkeit

C. die überschießende Durchblutung nach einem Durchblutungsstopp

D. die Erwärmung der Extremitäten bei einer Durchblutungssteigerung

E. das Muskelzittern bei Kälte

3.24	3.3.7 (+++)	Fragentyp D

Welche Aussagen über den basalen Gefäßtonus sind richtig?

1) Er besteht nach Durchtrennung der Gefäßnerven.
2) Gefäße von stark stoffwechselaktivem Gewebe besitzen in der Regel einen hohen basalen Tonus.
3) Er entspricht dem Ruhetonus bei Körperruhe.
4) Er ist an der Haut stark ausgeprägt.
5) Er kann durch Acetylcholin erhöht werden.

Wählen Sie bitte die Antwortkombination.

A. 1, 2 und 3 sind richtig

B. 1 und 2 sind richtig

C. 2 und 5 sind richtig

D. 3 und 4 sind richtig

E. Nur 5 ist richtig

3.25	3.3.9 (+++)	Fragentyp A

Unter Ruhebedingungen teilt sich das Herzminutenvolumen eines gesunden Menschen auf die Gefäßgebiete der verschiedenen Organsysteme etwa folgendermaßen auf:

	Gehirn	Myokard	Einge-weide	Nieren	Haut, Skelett und Muskeln	
A.	20	10	40	5	25	%
B.	15	20	30	15	20	%
C.	15	5	35	20	25	%
D.	15	10	10	20	45	%
E.	35	5	25	15	20	%

3.26	3.3.11 (+++)	Fragentyp A

Welcher Kraft folgt die Flüssigkeitsbewegung aus der Capillare in den Extravasalraum?

A. Der Konzentrationsdifferenz der ausgetauschten Stoffe zwischen Capillare und Gewebe.

B. Dem osmotischen Druck des Gewebes.

C. Dem hydrodynamischen Druck des Capillarblutes
   allein.

D. Der Differenz zwischen dem transmuralen capillären
   Druck einerseits und der Differenz des kolloid-
   osmotischen Druckes von Plasma und extravasaler
   Flüssigkeit andererseits.

E. Der Differenz zwischen kolloidosmotischem Druck des
   Blutes und dem hydrostatischen Druck des Gewebes.

3.27	3.3.12 (+++)	Fragentyp C

Dauernder Eiweißmangel kann zu einem Ödem führen,

<u>weil</u>

bei Eiweißmangel der kolloidosmotische Druck des Blutes
sinkt.

3.28	3.4.1 (+++)	Fragentyp D

Welche Faktoren bewirken eine starke Zunahme der
Gehirndurchblutung?

1) Geistige Arbeit

2) Nachlassen des Sympathicustonus

3) Erhöhung des P_{CO_2}

4) Einfluß dilatatorisch wirksamer Nervenfasern

5) pH-Senkung im Gewebe

Wählen Sie die Antwortkombination.

A. 1, 2 und 4 sind richtig

B. 2, 3 und 4 sind richtig

C. 2 und 4 sind richtig

D. 3 und 5 sind richtig

E. 1 und 5 sind richtig

3.29   3.4.4 (++)   Fragentyp A

Welche der folgenden Aussagen über Hautdurchblutung
und -stoffwechsel trifft <u>nicht</u> zu?

A. Die Durchblutung kann bei Hitzebelastung auf mehr
   als das 10fache gesteigert werden.

B. Unterbrechung der sympathischen Innervation führt
   zu einer Durchblutungsvermehrung, besonders in den
   acralen Gebieten.

C. Der Stoffwechsel der Haut ist verhältnismäßig hoch.

D. Im Dienste der Thermoregulation stehen insbesondere
   die arterio-venösen Anastomosen.

E. Als Folge einer maximalen Dilatation der Hautgefäße kann die Muskeldurchblutung vermindert sein.

3.30   3.4.6 (+++)   Fragentyp A

Welche der folgenden Aussagen über die akrale Hautdurchblutung trifft <u>nicht</u> zu?

A. Die stärksten Durchblutungsschwankungen treten im
   Bereich der Hände, Füße und Ohren auf.

B. Die arterio-venösen Anastomosen in den Akren sind
   von sympathischen Nervenfasern innerviert.

C. Blut, das durch arterio-venöse Anastomosen fließt,
   nimmt nicht am Stoffaustausch teil.

D. Mit höherer Umgebungstemperatur nimmt die Durchblutung der Akren ab.

E. Eine lokale Abkühlung löst auch in anderen Haut-
   gebieten eine Durchblutungsreaktion aus.

3.31   3.4.7 (++)   Fragentyp C

Auch bei längerdauernder Kälte treten an den Acren in
der Regel keine Gewebsschädigungen auf,

<u>weil</u>

in diesem Fall die Vasoconstriction periodisch unterbrochen wird.

3.32	3.4.8 (++)	Fragentyp D

Gleichzeitig mit dem Schwitzen tritt eine Vasodilatation in der Haut ein. Diese Dilatation kann verursacht sein durch

1) die Freisetzung von Bradykinin

2) die Erwärmung der Haut

3) Aktivierung dilatatorisch wirksamer Nerven

4) Erhöhung der Noradrenalinkonzentration im Blut

Wählen Sie die Antwortkombination.

A. 1, 2 und 3 sind richtig

B. 1 und 3 sind richtig

C. 2, 3 und 4 sind richtig

D. 2 und 4 sind richtig

E. Alle Antworten sind richtig

3.33	3.4.10 (++)	Fragentyp A

Welche Aussage über die Muskeldurchblutung ist _falsch_?

A. Im Regelfall wird die Durchblutung lokal nach dem Bedarf des Gewebes geregelt.

B. In der arbeitenden Muskulatur ist der vasoconstrictorische Effekt der sympathischen Nerven stark vermindert.

C. Während maximaler Kontraktion eines Skelettmuskels sinkt zunächst seine Durchblutung ab.

D. Bei rhythmischer Tätigkeit steigt die mittlere Muskeldurchblutung.

E. Die Durchblutungszunahme bei Muskeltätigkeit beruht auf der verminderten Sauerstoffausschöpfung des Blutes.

3.34	3.5.2 (++)	Fragentyp D

Nach plötzlichem Herzstillstand

1) fällt der arterielle Druck
2) steigt der Venendruck
3) sinken arterielle und venöse Drucke auf Null
4) kommt es zunächst zu einer Flüssigkeitsaufnahme aus dem Interstitium in die Blutbahn
5) sinkt das Volumen im Niederdrucksystem

Wählen Sie die Antwortkombination.

A. 1, 2 und 3 sind richtig
B. 1, 2 und 4 sind richtig
C. 2, 3 und 5 sind richtig
D. 3, 4 und 5 sind richtig
E. Alle Antworten sind richtig

3.35	3.5.3 (++)	Fragentyp A

Der statische Blutdruck

A. ist der Druck, der sich im Gefäßsystem bei Herzstillstand einstellt
B. ist gleich dem Venendruck
C. ist der dynamische arterielle oder venöse Druck plus dem hydrostatischen Druck (z.B. beim Stehen)
D. ist auf der venösen Seite etwas höher als auf der arteriellen Seite
E. ist der Blutdruck im Stehen in Herzhöhe

3.36	3.5.4 (++)	Fragentyp D

Welche der folgenden Aussagen sind für die Veränderungen bei langsamer Transfusion von 500 ml Blut beim Menschen korrekt?

1) Es gelangen nur einige ml Blut zusätzlich in das arterielle System.
2) Der Venendruck nimmt zu.

3) Der Druck im rechten Vorhof steigt.

4) Der statische Druck nimmt zu.

5) Das Herzminutenvolumen steigt.

Wählen Sie die Antwortkombination.

A. 1, 2 und 4 sind richtig

B. 2, 4 und 5 sind richtig

C. 1, 3 und 5 sind richtig

D. 2, 3 und 4 sind richtig

E. Alle Aussagen sind richtig

3.37 3.5.5 (+++) Fragentyp A

Welche Aussage über den Venendruck ist richtig?

A. Der Venendruck steigt beim Übergang vom Liegen zum Stehen in allen Venen an.

B. Der Venendruck ist am hydrostatischen Indifferenzpunkt im Liegen und Stehen gleich.

C. Der zentrale Venendruck beträgt im Mittel etwa 20 - 30 cm H_2O.

D. Bei Änderungen des Blutvolumens ändern sich die Drucke im rechten Vorhof und in der A. pulmonalis gegenläufig.

E. Alle Änderungen des arteriellen Drucks wirken sich gleichsinnig auch auf den Venendruck aus.

3.38 3.5.5 (+++) Fragentyp C

Beim ruhig stehenden Menschen fließt das venöse Blut schneller von den Fußvenen zum Herzen als beim Liegenden,

weil

die Druckdifferenz zwischen Fußvenen und herznahen Venen im Stehen größer ist.

3.39   3.5.7 (+++)   Fragentyp A

Welche der folgenden Aussagen trifft für den Menschen zu?

A. Das intrathorakale Blutvolumen beträgt etwa 1/5 des Gesamtblutvolumens.

B. Bei vermindertem venösen Rückstrom zum Herzen kann Blut aus der Lunge mobilisiert werden, so daß das Schlagvolumen des linken Ventrikels zunächst gleich bleibt.

C. Die Lungengefäße enthalten etwa 2 Liter Blut.

D. Eine Frequenzzunahme des Herzens steigert den Druck im linken Vorhof.

E. Beim Aufstehen nimmt das Blutvolumen in den Venen um etwa 1 Liter zu.

3.40   3.6.1 (++)   Fragentyp D

Im Rhythmus von In- und Exspiration beobachtet man bei genügend feiner Registrierung Änderungen

1) der Herzfrequenz

2) des Blutdrucks

3) des Gefäßwiderstandes

4) der Pupillenweite

Wählen Sie die Antwortkombination.

A. Nur 1 und 3 sind richtig

B. 2 und 4 sind richtig

C. 1, 2 und 4 sind richtig

D. 2, 3 und 4 sind richtig

E. Alle Antworten sind richtig

3.41   3.6.2 (+++)   Fragentyp A

Die elektrische Reizung in der sogenannten defence area im Hypothalamus an einem wachen Tier führt nicht zu einer der folgenden Reaktionen:

A. Wut oder Angst

B. Minderdurchblutung der Haut

C. Atemsteigerung

D. Pupillenerweiterung

E. Blutdruckabfall

3.42	3.6.3 (+++)	Fragentyp D

Welche Wirkungen zeigen die intravenöse Gabe von Adrenalin und Noradrenalin in physiologischer Dosierung?

1) Noradrenalin wirkt insbesondere auf die α-Receptoren und führt zu einem Widerstandsanstieg in den Muskelgefäßen.

2) In geringer Dosierung bewirkt Adrenalin eine Widerstandsabnahme in den Muskelgefäßen.

3) Nach Blockade der α-Receptoren wirkt Adrenalin auch in höherer Dosierung vasodilatatorisch.

4) An den Coronargefäßen wirken Adrenalin und Noradrenalin vasodilatatorisch.

5) Nach Adrenalingabe sinkt die Herzfrequenz.

Wählen Sie die Antwortkombination.

A. 1 und 3 sind richtig

B. 2, 4 und 5 sind richtig

C. 3 und 5 sind richtig

D. 1, 2, 3 und 4 sind richtig

E. 4 und 5 sind richtig

3.43	3.6.5 (+++)	Fragentyp D

Welche Kreislaufreaktionen treten beim Übergang vom Liegen zum Stehen ein?

1) Das Herzminutenvolumen sinkt.
2) Der Strömungswiderstand steigt.
3) Das Schlagvolumen sinkt.
4) Der Blutdruck bleibt unverändert.
5) Das zentrale Blutvolumen steigt.

Wählen Sie bitte die Antwortkombination.

A. 1, 3 und 5 sind richtig
B. 1, 2 und 3 sind richtig
C. 2, 4 und 5 sind richtig
D. 2, 3 und 4 sind richtig
E. 3, 4 und 5 sind richtig

3.44	3.6.8 (+++)	Fragentyp A

Das Blutvolumen wird auf längere Zeit vorwiegend reguliert über

A. Dehnungsreceptoren in den Vorhöfen und an den intraperikardialen Abschnitten der großen Venen
B. Druckreceptoren im arteriellen System
C. Osmoreceptoren im Hypothalamus
D. das Zusammenspiel von Filtrationsdruck und osmotischem Druck in den Capillaren
E. Volumenreceptoren in der Niere

3.45	3.6.9 (++)	Fragentyp C

Bei einem chronischen Hochdruck kann der Blutdruck nicht durch Reizung der afferenten Fasern von den Pressoreceptoren erniedrigt werden,

<u>weil</u>

bei chronischem Hochdruck der Arbeitsbereich der Pressoreceptoren zu höheren Drucken hin verschoben ist.

3.46	3.7.2 (+++)	Fragentyp A

Welche der Aussagen über die Hypothalamusfunktionen trifft <u>nicht</u> zu?

A. Eine elektrische Reizung im Hypothalamus kann das Freßverhalten und die Flüssigkeitsaufnahme von Tieren beeinflussen.

B. Bei Reizung im hinteren Hypothalamus tritt am wachen Tier aggressives Verhalten oder eine Flucht-reaktion ein.

C. Eine Erwärmung des vorderen Hypothalamus führt zu einer Mehrdurchblutung der Haut und Abnahme der Muskeldurchblutung.

D. Elektrische Reizung im Hypothalamus führt stets zu einem Blutdruckanstieg.

E. Die Kreislaufveränderungen bei Reizung von Warm- oder Kaltreceptoren der Haut werden durch den Hypothalamus vermittelt.

3.47	3.7.3 (+++)	Fragentyp C

Nach Ausschaltung des Kreislaufzentrums im Rhomben-cephalon sinkt der Blutdruck stark ab,

<u>weil</u>

nach dieser Ausschaltung zunächst der gesamte Sympa-thicustonus erloschen ist.

Kapitel 4
Atmung (G. Thews)

Am Atemgastransport sind folgende Teilprozesse beteiligt:

1) Pulmonale Ventilation

2) Gasaustausch zwischen Alveolen und Lungencapillarblut

3) Transport durch den Blutkreislauf

4) Gasaustausch zwischen Gewebecapillaren und Zellen

Welche dieser Teilprozesse können als konvektiv gekennzeichnet werden?

A. Nur 1

B. Nur 1 und 2

C. Nur 3

D. Nur 3 und 4

E. Nur 1 und 3

Wie groß ist der Sauerstoffverbrauch eines erwachsenen Menschen in körperlicher Ruhe?

A.   25 -   30 ml/min

B. 100 - 150 ml/min

C. 250 - 300 ml/min

D.   1 - 1,5 l/min

E. 2,5 -   3 l/min

4.03 4.04	4.2.1 (++)	Fragentyp B

Ordnen Sie den in Liste 1 bezeichneten Bedingungen für Volumenangaben die entsprechende Formulierung der allgemeinen Gasgleichung zu (P_B = Barometerdruck in mm Hg).

Liste 1

4.03 STPB (Physika-
liche Standard-
bedingungen)

4.04 BTPS (Körper-
bedingungen)

Liste 2

A. $V \cdot 760 = n \cdot R \cdot 273$

B. $V \cdot 760 = n \cdot R \cdot 310$

C. $V \cdot P_B = n \cdot R \cdot 310$

D. $V \cdot (P_B - 47) = n \cdot R \cdot 273$

E. $V \cdot (P_B - 47) = n \cdot R \cdot 310$

4.05	4.2.2 (++)	Fragentyp A

In 5 500 m Höhe beträgt der (in trockener Luft gemessene) Barometerdruck etwa 380 mm Hg. Wie groß sind in diesem Fall ungefähr die O_2-Konzentration und der O_2-Partialdruck?

	O_2-Konzentration (Vol%)	O_2-Partialdruck (mm Hg)
A.	10,5	80
B.	21	160
C.	10,5	40
D.	21	80
E.	79	300

4.06 4.2.3 (++) Fragentyp A

Welche der folgenden Aussagen über die physikalische
Löslichkeit von Gasen in Flüssigkeiten ist <u>falsch</u>?

A. Die Konzentration eines gelösten Gases läßt sich
   nach dem Henry-Dalton-Gesetz berechnen.

B. Die Konzentration eines gelösten Gases ist dem Gas-
   Partialdruck umgekehrt proportional.

C. Der Proportionalitätsfaktor des Henry-Dalton-
   Gesetzes heißt Löslichkeitskoeffizient.

D. Der CO_2-Löslichkeitskoeffizient ist in Körper-
   flüssigkeiten sehr viel größer als der O_2-Löslich-
   keitskoeffizient.

E. Der Anteil des physikalisch gelösten Sauerstoffes
   im Blut ist sehr viel kleiner als der des chemisch
   gebundenen Sauerstoffes.

4.07 4.2.4 (+++) Fragentyp A

Der Diffusionsstrom $\dot{m}$ eines Atemgases, d.h. die Menge
des pro Zeiteinheit diffundierenden Gases, hängt ab von

der Partialdruckdifferenz ΔP,

der Diffusionsfläche F,

der Diffusionsstrecke l,

dem Diffusionskoeffizienten K.

Wie lautet das Diffusionsgesetz?

A. $\dot{m} = K \cdot F \cdot l \cdot \Delta P$

B. $\dot{m} = K \cdot \dfrac{l}{F} \cdot \Delta P$

C. $\dot{m} = K \cdot \dfrac{F}{l} \cdot \Delta P$

D. $\dot{m} = K \cdot \dfrac{F}{l \cdot \Delta P}$

E. $\dot{m} = K \cdot \dfrac{l}{F \cdot \Delta P}$

Biologische Membranen stellen für die Diffusion von
Atemgasen kein wesentliches Hindernis dar,

<u>weil</u>

1) die Membranen nur eine geringe Dicke besitzen, 2) in
lipidhaltigen Strukturen im allgemeinen eine relativ
große Löslichkeit für Atemgase besteht, 3) die Atem-
gasmoleküle einen relativ kleinen Durchmesser haben,
4) keine elektrische Wechselwirkung zwischen den unge-
ladenen Atemgasmolekülen und den Membranelementen eintritt.

Wie verhalten sich der intrapulmonale Druck und der
intrapleurale Druck im Vergleich zum atmosphärischen
Druck während der Inspiration und Exspiration bei
ruhiger Atmung?
(Drucke, die über dem Atmosphärendruck liegen, werden
vereinfacht als positiv, solche die unter diesem liegen
als negativ gekennzeichnet.)

	Intrapleuraler Druck		Intrapulmonaler Druck	
	<u>inspi- ratorisch</u>	<u>exspi- ratorisch</u>	<u>inspi- ratorisch</u>	<u>exspi- ratorisch</u>
A.	negativ	positiv	negativ	positiv
B.	negativ	negativ	negativ	positiv
C.	negativ	negativ	negativ	negativ
D.	negativ	negativ	positiv	positiv
E.	negativ	positiv	negativ	negativ

4.10   4.3.2 (+++)   Fragentyp A

Welche Aussage über die Vitalkapazität (VK) ist _falsch_?

A. Die VK ist definiert als das Volumen, das nach maximaler Inspiration maximal ausgeatmet werden kann.

B. Die VK setzt sich aus dem Residualvolumen, dem Atemzugvolumen und dem inspiratorischen Reservevolumen zusammen.

C. Die Größe der VK ist abhängig von Körpergröße, Alter, Geschlecht und Trainingszustand des Probanden.

D. Für den mittelgroßen, untrainierten, jungen Mann soll die VK etwa 4 - 5 l betragen.

E. Eine Einschränkung der VK kann auf eine restriktive Funktionsstörung hinweisen.

4.11   4.3.2 (+++)   Fragentyp A

Die Untersuchung der Lungenvolumina habe folgende Werte ergeben:

Vitalkapazität: 5,5 l,

Inspirationskapazität (= Atemzugvolumen + inspiratorisches Reservevolumen): 4,5 l,

Funktionelle Residualkapazität: 3 l.

Wie groß ist in diesem Fall das Residualvolumen,

A. 1,0 l

B. 1,5 l

C. 2,0 l

D. 2,5 l

E. Die Bestimmung des Residualvolumens ist nicht möglich, weil die Angabe des exspiratorischen Reservevolumens fehlt

4.12   4.3.3 (+++)   Fragentyp D

Welche Meßverfahren sind zur Bestimmung der funktionellen Residualkapazität geeignet?

1) Pneumotachographie

2) Volumenmessung im offenen spirometrischen System

3) Volumenmessung im geschlossenen spirometrischen System

4) Stickstoff-Auswaschmethode

5) Helium-Einwaschmethode

6) Ganzkörper-Plethysmographie

Wählen Sie die zutreffende Kombination der geeigneten Methoden.

A. Nur 1 und 3

B. Nur 2 und 6

C. Nur 2, 4 und 5

D. Nur 1, 3 und 6

E. Nur 4, 5 und 6

4.13   4.3.4 (+++)   Fragentyp A

Welche Angaben zum Atemzeitvolumen und zur Atmungsfrequenz gelten als Mittelwerte für den gesunden Erwachsenen bei Ruheatmung?

	Atemzeitvolumen	Atmungsfrequenz
A.	300 ml/min	7/min
B.	300 ml/min	14/min
C.	7 l/min	70/min
D.	7 l/min	14/min
E.	14 l/min	70/min

4.14   4.3.5 (+)   Fragentyp A

Der Atemgrenzwert ist definiert als

A. die maximale Atemanhaltezeit nach willkürlicher
Hyperventilation

B. das Atemzeitvolumen bei maximal forcierter, willkürlicher Hyperventilation

C. die maximale Atemstromstärke bei forcierter
Exspiration

D. das maximale Volumen, das in 1 s forciert exspi-
riert werden kann

E. Keine der Definitionen A - D ist zutreffend

4.15   4.3.6 (++)   Fragentyp A

Die relative (auf die Vitalkapazität bezogene) Sekundenkapazität (= 1-Sekunden-Ausatmungskapazität) beträgt
beim gesunden Erwachsenen bis zu einem Alter von 50
Jahren:

A. 10 -   20 %

B. 30 -   40 %

C. 50 -   60 %

D. 70 -   80 %

E. 90 - 100 %

4.16   4.3.7 (+++)   Fragentyp A

Bei einem jungen Mann werde eine Vitalkapazität von 5 l
und eine relative Sekundenkapazität von 55 % gemessen.
Dieser Befund deutet auf eine

A. normale Lungenfunktion

B. restriktive Ventilationsstörung

C. obstruktive Ventilationsstörung

D. kombinierte obstruktive und restriktive Störung

E. Eine diagnostische Bewertung ist nicht möglich, weil
die Angabe des Atemgrenzwertes fehlt.

4.17	4.3.8 (+++)	Fragentyp D

Bei einer Inspiration sind durch die Atmungsmuskulatur
eine Reihe von Widerständen zu überwinden:

1) Strömungswiderstände in den zuleitenden Luftwegen

2) Reibungswiderstände der Gewebe

3) Trägheitswiderstand der Inspirationsluft

4) Widerstand gegen die Retraktion des Lungenparenchyms

5) Widerstand gegen die Oberflächenspannung der
   Alveolen

Welche der genannten Widerstände können als elastisch
gekennzeichnet werden?

A. Nur 1 und 3

B. Nur 2 und 4

C. Nur 3 und 5

D. Nur 1 und 4

E. Nur 4 und 5

4.18	4.3.9 (++)	Fragentyp C

Bei der Inspiration werden die Bronchien infolge einer
Erschlaffung der glatten Bronchialmuskulatur erwei-
tert,

<u>weil</u>

der zentral gesteuerte Sympathicustonus in der Inspiration abnimmt.

4.19   4.3.10 (++)   Fragentyp C

Eine sehr starke Erhöhung des intrapulmonalen Druckes
bei forcierter Ausatmung führt zu einer Erweiterung
der Bronchiolen und damit zu einer Abnahme des Strö-
mungswiderstandes,

<u>weil</u>

die Bronchioli respiratorii keine knorpeligen Stütz-
elemente besitzen und daher ihr Lumen nach Maßgabe der
transmuralen Druckdifferenz variabel ist.

4.20   4.3.11 (++)   Fragentyp A

Welche Aussage über die statische Compliance der Lunge
ist <u>falsch</u>? Die Compliance der Lunge

A. stellt ein Maß für die elastische Dehnbarkeit der
   Lunge dar

B. ist definiert als der Quotient: intrapleurale
   Druckänderung dividiert durch die zugehörige
   Volumenänderung

C. wird durch Druck-Volumen-Messung bei zwei Füllungs-
   zuständen der Lunge jeweils in Atemruhe bestimmt

D. kann beim ruhig atmenden Lungengesunden aus der
   Atemschleife bestimmt werden

E. wird gemessen, indem man die Volumenänderung spiro-
   metrisch erfaßt und die Änderung des intrapleuralen
   Druckes über die praktisch gleichgroße Änderung des
   Oesophagusdruckes bestimmt

4.21   4.3.12 (+)   Fragentyp C

Die oberflächenaktiven Substanzen im alveolären
Flüssigkeitsfilm, die auch als surfactants bezeichnet
werden, erhöhen die Dehnbarkeit der Lunge,

<u>weil</u>

die surfactant-Moleküle infolge ihrer starken gegen-
seitigen Anziehung die alveoläre Oberflächenspannung
erhöhen.

Wie groß ist etwa (nach der Bohr-Formel) das Verhältnis
des funktionellen Totraumes zum Exspirationsvolumen,
wenn die alveoläre CO_2-Konzentration 6 ml CO_2/100 ml
und die exspiratorische $CO2$-Konzentration 4 ml CO_2/
100 ml beträgt?

A. 6,7 %

B. 15   %

C. 30   %

D. 33   %

E. 67   %

Die alveoläre Ventilation $\dot{V}_A$ läßt sich aus dem alveolären O_2- bzw. CO_2-Partialdruck (P_{AO_2}, P_{ACO_2}) und der
pro min aufgenommenen bzw. ausgeschiedenen Atemgasmenge
($\dot{V}_{O_2}$, $\dot{V}_{CO_2}$) berechnen.

Es gilt die Beziehung:

A. $\dot{V}_A \sim P_{AO_2}/\dot{V}_{O_2}$

B. $\dot{V}_A \sim \dot{V}_{O_2}/P_{AO_2}$

C. $\dot{V}_A \sim P_{ACO_2} \cdot \dot{V}_{CO_2}$

D. $\dot{V}_A \sim P_{ACO_2}/\dot{V}_{CO_2}$

E. $\dot{V}_A \sim \dot{V}_{CO_2}/P_{ACO_2}$

4.24	4.4.3 (++)	Fragentyp A

Folgende Ventilationswerte wurden bei einem Probanden
ermittelt:

Atemzeitvolumen: 7,5 l/min,

Alveoläre Ventilation: 4,5 l/min,

Atmungsfrequenz: 15/min.

Wie groß ist in diesem Fall das Totraumvolumen?

A. 150 ml

B. 200 ml

C. 250 ml

D. 300 ml

E. 500 ml

4.25 4.26	4.4.4 (++)	Fragentyp B

Ordnen Sie den alveolären Partialdrucken der Liste 1
diejenigen Daten der Liste 2 zu, die als Normwerte des
Erwachsenen bei Ruheatmung gelten.

Liste 1	Liste 2		
4.25 Alveolärer O_2-Partialdruck	A.	5,6	mm Hg
4.26 Alveolärer CO_2-Partialdruck	B.	14	mm Hg
	C.	40	mm Hg
	D.	100	mm Hg
	E.	150	mm Hg

4.27	4.4.5 (++)	Fragentyp D

Welche der genannten Meßverfahren sind zur fortlau-
fenden Registrierung der CO_2-Konzentration in der Atemluft geeignet?

1) Spirometrie

2) Messung der Ultrarotabsorption

3) Paramagnetisches Meßverfahren

4) Verfahren nach Scholander

5) Massenspektrometrie

Wählen Sie die zutreffende Antwortkombination.

A. Nur 1 und 2

B. Nur 1 und 4

C. Nur 2 und 4

D. Nur 2 und 5

E. Nur 3, 4 und 5

4.28   4.5.1 (++)   Fragentyp A

Bei einem Probanden werde ein Verhältnis der alveolären
Ventilation zur Lungenperfusion von 0,9 ermittelt.
Dieser Befund läßt sich kennzeichnen als

A. Normoventilation

B. Hypoventilation

C. Hyperventilation

D. Hyperpnoe

E. Ventilationsstörung

4.29   4.5.2 (+)   Fragentyp A

Die O_2-Diffusionskapazität der Lunge ist definiert als

A. O_2-Menge, die in der Zeiteinheit aus den Alveolen
   in das Lungencapillarblut diffundiert

B. Produkt aus O_2-Diffusionskoeffizient und alveolärer
   Austauschfläche

C. Quotient aus pulmonaler O_2-Aufnahme und mittlerer
   alveolocapillärer O_2-Partialdruckdifferenz

D. O_2-Aufnahme bei maximaler Belastung

E. Fassungsvermögen der Alveolen, in denen O_2 durch
   Diffusion ausgetauscht werden kann

4.30   4.5.3 (++)   Fragentyp A

Welche Folgen kann eine sehr ungleichmäßige Verteilung
der alveolären Ventilation, der Lungenperfusion und der
Diffusion haben? Es entsteht eine

1) arterielle Hypoxie

2) arterielle Hyperoxie

3) arterielle Hypocapnie

4) arterielle Hypercapnie

5) respiratorische Alkalose

6) respiratorische Acidose

Wählen Sie die Antwortkombination, die alle möglichen
Folgen enthält.

A. Nur 1 und 3

B. Nur 1 und 4

C. Nur 2 und 4

D. Nur 1, 3 und 5

E. Nur 1, 4 und 6

4.31   4.6.1 (+++)   Fragentyp A

Bei einem Probanden werde im venösen Blut eine O_2-
Sättigung des Hämoglobins von 60 % gemessen. Wie groß
ist in diesem Fall ungefähr die venöse Konzentration
des chemisch gebundenen Sauerstoffes, wenn die Hb-
Konzentration 15 g% beträgt?

A.   8 ml O_2/100 ml

B.   9 ml O_2/100 ml

C. 12 ml O_2/100 ml

D. 20 ml O_2/100 ml

E. 90 ml O_2/100 ml

4.32   4.6.2 (+++)   Fragentyp A

Eine Rechtsverlagerung (Abflachung) der O_2-Bindungs-
kurve tritt ein bei

A. Abnahme der Temperatur

B. Anstieg des pH-Wertes

C. Anstieg der 2,3-Diphosphoglycerat-Konzentration

D. Abnahme des CO_2-Partialdruckes

E. Anstieg des CO-Partialdruckes

4.33	4.6.2 (++)	Fragentyp A

Unter dem sogenannten Bohr-Effekt versteht man

A. die Temperaturabhängigkeit des O_2-Bindungskurven-
   verlaufes

B. die P_{CO_2}- bzw. pH-Abhängigkeit des O_2-Bindungs-
   kurvenverlaufes

C. die Partialdruckabhängigkeit der Konzentrationen
   physikalisch gelöster Gase

D. die Partialdruckabhängigkeit des Diffusionsstromes

E. die O_2-Sättigungsabhängigkeit des CO_2-Bindungs-
   kurvenverlaufes

4.34	4.6.2 (+++)	Fragentyp B
4.35	4.6.3 (++)	

Ordnen Sie den in Liste 1 angegebenen Bindungskurven
die qualitative Beschreibung ihres Kurvenverlaufes
(Liste 2) zu.

Liste 1

4.34 O_2-Bindungskurve des
     Hämoglobins

4.35 O_2-Bindungskurve des
     Myoglobins

Liste 2

A. hyperbolisch

B. exponentiell

C. geradlinig

D. parabolisch

E. S-förmig

4.36	4.6.4 (++)	Fragentyp C

Eine Abnahme des alveolären O_2-Partialdruckes von 100 auf 80 mm Hg hat einen starken Einfluß auf den O_2-Gehalt des arteriellen Blutes,

<u>weil</u>

die O_2-Bindungskurve in diesem Bereich einen flachen (angenähert abscissenparallelen) Verlauf aufweist.

4.37	4.6.5 (++)	Fragentyp A

Bei der experimentellen Untersuchung der O_2-Versorgung eines Organs seien folgende Werte gemessen worden:

Organdurchblutung: 80 ml/100 g · min,

arterielle O_2-Konzentration: 20 ml/100 ml,

organvenöse O_2-Konzentration: 15 ml/100 ml.

Wie groß ist der O_2-Verbrauch des Organs?

A. 4 ml/100 g · min

B. 6 ml/100 g · min

C. 10,7 ml/100 g · min

D. 40 ml/100 g · min

E. 62,5 ml/100 g · min

4.38 4.39	4.7.1 (+++)	Fragentyp B

Ordnen Sie den in Liste 1 genannten CO_2-Partialdrucken diejenigen Werte aus Liste 2 zu, die im Mittel beim gesunden Erwachsenen in körperlicher Ruhe gemessen werden.

<u>Liste 1</u>	<u>Liste 2</u>
4.38 CO_2-Partialdruck im arteriellen Blut	A. 10 mm Hg
	B. 40 mm Hg
4.39 CO_2-Partialdruck im venösen Mischblut	C. 46 mm Hg
	D. 60 mm Hg
	E. 100 mm Hg

4.40	4.7.2 (+++)	Fragentyp A

Wie groß ist nach der Henderson-Hasselbalch-Gleichung
der pH-Wert eines Kohlensäure/Biocarbonat-Puffers, wenn
das Verhältnis $[HCO_3^-]$ / $[H_2CO_3]$ = 10 beträgt? (pK =
6,1)

A. 4,9

B. 6,0

C. 6,2

D. 7,1

E. 7,4

4.41	4.7.3 (++)	Fragentyp C

Im oxygenierten Blut kann bei gleichem CO_2-Partial-
druck mehr CO_2 in Form von Bicarbonat und Carbamino-
hämoglobin als im desoxygenierten Blut gebunden werden,

<u>weil</u>

Oxyhämoglobin im Vergleich zum desoxygenierten Hämoglobin stärker sauer reagiert.

4.42   4.7.4 (+)   Fragentyp A

Welche Aussage zur CO_2-Bindungskurve des Blutes ist
<u>falsch</u>?

A. Die CO_2-Bindungskurve stellt die Abhängigkeit der
   CO_2-Sättigung vom CO_2-Partialdruck dar.

B. Der Verlauf der CO_2-Bindungskurve ergibt sich aus
   der physikalischen Löslichkeit und der chemischen
   Bindungsfähigkeit des Blutes für CO_2.

C. Die CO_2-Bindungskurve des oxygenierten Blutes verläuft flacher als die des desoxygenierten Blutes.

D. Die Abhängigkeit der CO_2-Bindungskurve von der
   O_2-Sättigung des Hämoglobins wird als Christiansen-
   Douglas-Haldane-Effekt bezeichnet.

E. Der unterschiedliche Verlauf der CO_2-Bindungskurve
   für oxygeniertes und desoxygeniertes Blut kommt
   dadurch zustande, daß Oxyhämoglobin gegenüber
   desoxygeniertem Hämoglobin stärker sauer reagiert.

4.43   4.7.5 (++)   Fragentyp C

Bei der CO_2-Aufnahme des Blutes in den Gewebecapillaren
kann der Umsatz von CO_2 in HCO_3^- praktisch nur in den
Erythrocyten erfolgen,

<u>weil</u>

der diffusionsbedingte Austritt von HCO_3^- aus den
Erythrocyten den Eintritt von Cl^- ermöglicht (Bicar-
bonat-Chlorid-Shift).

4.44   4.7.6 (++)   Fragentyp D

Welche Effekte haben den größten Einfluß auf die
Konstanthaltung des pH-Wertes im Blut beim Gasaustausch in den Gewebecapillaren?

1) Pufferwirkung des H_2CO_3/HCO_3^--Systems

2) Pufferwirkung des $H_2PO_4^-/HPO_4^{--}$-Systems

3) Pufferwirkung des Hämoglobins

4) Pufferwirkung der Plasma-Proteine

5) Aciditätsänderung bei der Desoxygenierung des
   Hämoglobins

Wählen Sie die drei Effekte mit der größten pH-stabi-
lisierenden Wirkung aus.

A. 1, 2 und 3

B. 1, 2 und 4

C. 1, 3 und 4

D. 1, 3 und 5

E. 3, 4 und 5

4.45   4.8.1 (+++)   Fragentyp A

Wo ist das "Atmungszentrum" lokalisiert, in dem durch
abwechselnde Tätigkeit inspiratorisch und exspira-
torisch wirkender Neurone der basale Atmungsrhythmus
erzeugt wird?

A. In der Großhirnrinde

B. Im Hypothalamus

C. Im Cervicalmark

D. In der Medulla oblongata

E. In den Niveauzentren des Rückenmarks

4.46   4.8.2 (+)   Fragentyp D

Welche der genannten Einflüsse, die nicht primär der
Kontrolle der Atmung dienen, können die Tätigkeit der
respiratorischen Neurone im Atmungszentrum verändern
und damit die Atmung modifizieren?

1) Aktivität rostral gelegener Hirnteile (z.B. des
   Motorcortex)

2) Warm- und Kaltreize (an der Haut appliziert)

3) Schmerzreize

4) Änderungen der Körpertemperatur (z.B. Fieber)

5) Hormonale Einflüsse (z.B. Erhöhung des Progesteronspiegels)

Wählen Sie die Antwortkombination der atmungswirk-
samen Einflüsse.

A. Nur 1

B. Nur 2 und 3

C. Nur 2, 3 und 4

D. Nur 1, 2, 3 und 5

E. Alle genannten Einflüsse können die Atmung
   modifizieren

4.47   4.8.3 (++)   Fragentyp C

Eine Volumenzunahme (Blähung) der Lunge führt reflektorisch zu einer Exspirationsbewegung des Thorax,

weil

bei Volumenzunahme durch Reizung von Dehnungsreceptoren des Lungenparenchyms afferente Impulse ausgelöst werden, die das Inspirationszentrum hemmen.

4.48   4.8.4 (++)   Fragentyp A

Wo konnten zentrale chemosensible Strukturen nachge-
wiesen werden, an denen extracelluläre pH-Änderungen
als Atmungsantriebe wirksam sind?

A. An der Ventralseite der Medulla oblongata

B. An der Dorsalseite der Medulla oblongata

C. An der Ventralseite der Brücke

D. An der Basalseite des Hypothalamus

E. An der Oberfläche der Großhirnrinde

| 4.49 | 4.8.5 (++) | Fragentyp A |

Welche Aussage über die peripheren Chemoreceptoren
ist zutreffend?

A. Die peripheren Chemoreceptoren liegen in der
   Gefäßwand des Carotissinus und des Aortenbogens.

B. Der pH-Atmungsantrieb wird hauptsächlich von den
   peripheren Chemoreceptoren ausgelöst.

C. Bei ausgeprägter arterieller Hypoxie ($P_{O_2} <$ 50 -
   60 mm Hg) wird von den peripheren Chemoreceptoren
   aus eine Ventilationssteigerung ausgelöst.

D. P_{CO_2} beeinflußt die Aktivität der peripheren
   Chemoreceptoren überhaupt nicht.

E. Die afferenten Impulse von den Chemoreceptoren
   des Carotissinus werden über den N. vagus dem
   Atmungszentrum zugeleitet.

| 4.50 | 4.8.6 (+) | Fragentyp C |

Ein Anstieg des arteriellen CO_2-Partialdruckes führt zu
einer Ventilationssteigerung,

<u>weil</u>

die mit dem P_{CO_2}-Anstieg gekoppelte Erhöhung des pH-
Wertes im arteriellen Blut als Atmungsantrieb wirksam ist.

4.51   4.8.7 (+++)   Fragentyp A

Welche Aussage über die Beeinflussung der Atmung durch
Veränderung des Säure-Basen-Status im arteriellen Blut
ist <u>falsch</u>?

A. Eine metabolische Acidose führt zu einer Hyperventilation.

B. Die metabolisch-acidotisch bedingte Hyperventilation
   ist durch besonders tiefe Atemzüge ausgezeichnet
   (Große Kussmaulsche Atmung).

C. Durch die metabolisch-acidotisch bedingte Hyperventilation wird der arterielle CO_2-Partialdruck gesenkt.

D. Bei einer metabolisch bedingten Senkung des Blut-pH
   ergibt sich die Ventilationsänderung durch die Zunahme des H^+ -Atmungsantriebes und die gleichzeitige Abnahme des P_{CO_2}-Atmungsantriebes.

E. Wenn der CO_2-Partialdruck experimentell konstant
   gehalten wird, beobachtet man bei Senkung des Blut-
   pH keine Ventilationsänderung.

4.52   4.8.8 (+++)   Fragentyp A

Die alveoläre Ventilation eines erwachsenen Patienten
sei etwa infolge einer Lähmung des Atmungszentrums auf
2 l/min reduziert. Welcher arterielle pH-Wert könnte
diesem Zustand bei einem normalen Basenüberschuß entsprechen?

A. 7,6

B. 7,5

C. 7,4

D. 7,37

E. 7,2

4.53   4.9.1 (+++)   Fragentyp B
4.54

Ordnen Sie den in Liste 1 beschriebenen pathologischen
Atmungszuständen jeweils den entsprechenden Fachaus-
druck (Liste 2) zu.

Liste 1	Liste 2
4.53 Erschwerte Atmung, verbunden mit dem subjektiven Gefühl der Atemnot	A. Apnoe
	B. Asphyxie
4.54 Atmungsstillstand oder Minderatmung bei Lähmung des Atmungzentrums	C. Hyperpnoe
	D. Dyspnoe
	E. Orthopnoe

4.55   4.9.2 (+)   Fragentyp A

Welche Aussage zur Cheyne-Stokes-Atmung ist <u>falsch</u>? Die Cheyne-Stokes-Atmung

A. kann auch beim Gesunden während des Schlafes im Hochgebirge auftreten

B. wird unter pathologischen Bedingungen bei Vergiftungen, insbesondere bei Urämie, beobachtet

C. ist eine periodische Atmungsform, bei der Phasen der Apnoe und der Hyperventilation abwechseln

D. kann verursacht werden durch eine veränderte Empfindlichkeit des Atmungszentrums gegenüber dem P_{CO_2}-Atmungsantrieb

E. wird im klinischen Sprachgebrauch auch als Orthopnoe bezeichnet

4.56   4.9.3 (++)   Fragentyp D

Welche Faktoren sind an der Regulation des Atemzeit-
volumens bei Muskelarbeit und in der nachfolgenden
Erholungsphase beteiligt?

1) Zentrale Mitinnervation des Atmungszentrums

2) Chemische Faktoren (pH, P_{CO_2}, P_{O_2}) des arteriellen
   Blutes

3) Chemische Faktoren (pH, P_{CO_2}, P_{O_2}) des venösen
   Mischblutes

4) Rückmeldungen von Receptoren der arbeitenden
   Muskulatur und der bewegten Gelenke

Wählen Sie die Antwortkombination, die die experimentell gesicherten Regulationsfaktoren enthält.

A. Nur 2

B. Nur 1 und 2

C. Nur 1 und 3

D. Nur 1, 2 und 4

E. Nur 1, 3 und 4

4.57   4.9.4 (++)   Fragentyp A

In Ruhe und bei einer körperlichen Arbeit im "steady
state" wurden folgende Werte gemessen:

	Ruhe	leichte Arbeit
O_2-Aufnahme (l/min):	0,3	0,6
Atemzeitvolumen (l/min):	7	14

Welches Atemzeitvolumen ist ungefähr zu erwarten,
wenn bei mittelschwerer Arbeit die O_2-Aufnahme auf
1,2 l/min zunimmt?

A. 14 l/min

B. 21 l/min

C. 28 l/min

D. 35 l/min

E. 42 l/min

4.58	4.9.5 (+++)	Fragentyp A

Die Sauerstoffschuld bei Muskelarbeit ist definiert als

A. Differenz zwischen respiratorischer O_2-Aufnahme und metabolischem O_2-Verbrauch bei Arbeit im "steady state"

B. Sauerstoffmenge, die nach einer Arbeit zusätzlich aufgenommen und zum großen Teil zur Auffüllung der Energiereserven der Muskulatur benötigt wird

C. Sauerstoffmenge, die zur ATP-Resynthese benötigt wird

D. Sauerstoffmenge, die zur Resynthese von Glucose aus der bei Muskelarbeit entstandenen Milchsäure benötigt wird

E. Sauerstoffverbrauch der Muskulatur bei tetanischer Dauerkontraktion

4.59	4.9.6 (+++)	Fragentyp D

Eine venöse Hypoxie kann auftreten als Folge einer schweren

1) Anämie

2) CO-Vergiftung

3) Methämoglobinanämie (pathologische Umwandlung von Hämoglobin in Hämiglobin)

4) Mangeldurchblutung eines Gewebes

5) Lungenfunktionsstörung

Wählen Sie die zutreffende Antwortkombination.

A. Nur 1 ist richtig

B. Nur 4 ist richtig

C. Nur 1, 2 und 3 sind richtig

D. Nur 1, 2 und 4 sind richtig

E. Alle Antworten 1 - 5 sind richtig

4.60	4.9.7 (+++)	Fragentyp A

Die Überlebenszeit ist definiert als diejenige Zeit, nach der bei einem Kreislaufstillstand eine vollständige Lähmung der Organfunktion eintritt. Die Wiederbelebungszeit ist diejenige Zeit, nach der bei einem Kreislaufstillstand die Zellen eines Organs irreparabel geschädigt sind. Wie lang sind etwa Überlebenszeit und Wiederbelebungszeit des Gehirns bei 37°C?

	Überlebenszeit	Wiederbelebungszeit
A.	1 s	0,5 – 1 min
B.	10 s	5 – 10 min
C.	30 s	15 – 20 min
D.	1 min	25 – 30 min
E.	10 min	35 – 40 min

4.61	4.9.8 (+++)	Fragentyp D

Eine arterielle Hypoxie kann auftreten als Folge einer

1) alveolären Hypoventilation

2) Diffusionsstörung in der Lunge

3) Verteilungsstörung der pulmonalen Funktionsparameter (Ventilation, Perfusion, Diffusion)

4) metabolischen Acidose

5) Abnahme des inspiratorischen O_2-Partialdruckes (z.B. beim Aufenthalt in großen Höhen)

Wählen Sie die zutreffende Antwortkombination.

A. Nur 1 ist richtig

B. Nur 1, 2 und 3 sind richtig

C. Nur 1, 2, 3 und 5 sind richtig

D. Nur 4 und 5 sind richtig

E. Alle Antworten 1 – 5 sind richtig

4.62	4.9.9 (++)	Fragentyp C

Bei der Höhenakklimatisation kommt es (neben einer Zunahme der Hb-Konzentration) zu einem Anstieg des

Atemzeitvolumens, der größer ist als bei einem <u>kurz-</u>
<u>zeitigen</u> Höhenaufenthalt,

<u>weil</u>

im Verlauf der Akklimatisation die Empfindlichkeit der
Regulationsmechanismen vor allem gegenüber dem P_{CO_2}-
Atmungsantrieb zunimmt.

4.63	4.9.10 (+)	Fragentyp A

Welche Veränderung des Säure-Basen-Status des Blutes
ist als Folge eines kurzzeitigen Aufenthaltes in großen
Höhen (Höhenumstellung) zu erwarten?

A. Keine Veränderung

B. pH $>$ 7,43

C. pH $<$ 7,37

D. BE $>$ + 2,5 mäq/l

E. BE $<$ - 2,5 mäq/l

4.64	4.9.11 (+)	Fragentyp B
4.65	4.9.12 (++)	

Ordnen Sie den Hypoxieformen der Liste 1 die hierfür
ursächlichen Änderungen der genannten Funktionsparameter (Liste 2) zu.

Liste 1   Liste 2

4.64 Anämische Hypoxie   A. Abnahme der arteriellen
                               O_2-Sättigung
4.65 Ischämische Hypoxie
                            B. Minderung der Gewebs-
                               durchblutung

                            C. Abnahme der O_2-Kapazität
                               des Blutes

                            D. Zunahme des arteriellen
                               CO_2-Partialdruckes

                            E. Abnahme des Atemzeit-
                               volumens

4.66	4.9.13 (+++)	Fragentyp D

In welchen Fällen kann eine mangelhafte O_2-Versorgung der Gewebe durch Erhöhung der inspiratorischen O_2-Konzentration (Sauerstoffatmung) <u>wesentlich</u> verbessert werden? Bei

1) Aufenthalt in großen Höhen

2) pulmonalen Diffusionsstörungen

3) venös-arterieller Kurzschlußdurchblutung (Shunt-Perfusion, z.B. bei einem Ventrikelseptumdefekt)

4) ischämischer Hypoxie

5) anämischer Hypoxie

Wählen Sie die zutreffende Antwortkombination.

A. Nur 2 ist richtig

B. Nur 1 und 2 sind richtig

C. Nur 1, 2 und 3 sind richtig

D. Nur 4 und 5 sind richtig

E. Alle Antworten 1 - 5 sind richtig

4.67	4.9.14 (++)	Fragentyp C

Bei Sauerstoff-Behandlung eines Neugeborenen, die etwa wegen Asphyxie längere Zeit im Brutkasten durchgeführt werden muß, soll das O_2-Angebot eine Konzentration von 40 Vol% nicht überschreiten,

<u>weil</u>

die längerdauernde Einatmung von Gasgemischen mit O_2-Konzentrationen über 40 Vol% zur Schädigung des Lungenparenchyms und später auch zu cerebralen Schäden führen kann.

4.68 4.69	4.9.15 (+++)	Fragentyp B

Ordnen Sie den in Liste 1 genannten Begriffen jeweils eine unmittelbar hierzu passende Angabe (Liste 2) zu:

<u>Liste 1</u>	<u>Liste 2</u>
4.68 Arterielle Hypocapnie	A. $[HCO_3^-]$ = 20 mäq/l
4.69 Arterielle Hypercapnie	B. $[HCO_3^-]$ = 30 mäq/l
	C. P_{CO_2} = 30 mm Hg
	D. P_{CO_2} = 40 mm Hg
	E. P_{CO_2} = 50 mm Hg

4.70   4.9.16 (+++)   Fragentyp C

Bei einer schweren chronischen Lungenfunktionsstörung
mit arterieller Hypoxie und Hypercapnie ist stets die
Beatmung mit sauerstoffreichen Gasgemischen angezeigt,

<u>weil</u>

mit Erhöhung des alveolären P_{O_2} auch der arterielle P_{O_2}
ansteigt und auf diese Weise eine zuvor bestehende
Hypoxie beseitigt werden kann.

4.71   4.9.17 (+++)   Fragentyp A

Welchem Atmungsantrieb kommt bei einer chronischen
Lungenfunktionsstörung mit verminderter Arteria-
lisierung des Blutes die wesentlichste Bedeutung zu?

A. Dem P_{CO_2}-Atmungsantrieb von den zentralen chemosensiblen Strukturen her

B. Dem P_{CO_2}-Atmungsantrieb von den peripheren Chemoreceptoren her

C. Dem $[H^+]$-Atmungsantrieb von den zentralen chemosensiblen Strukturen her

D. Dem Atmungsantrieb durch P_{O_2}-Abnahme von den
zentralen chemosensiblen Strukturen her

E. Dem Atmungsantrieb durch P_{O_2}-Abnahme von den
peripheren Chemoreceptoren her

Kapitel 5
Ernährung Fragen 5.01–5.13 (K. Brück)
Verdauung Fragen 5.14–5.60 (R. Taugner)

5.01   5.1.1 (++)   Fragentyp D

Wenn man das Körpergewicht als eine geregelte Größe auffaßt, könnte ein ansteigendes Gewicht beim Erwachsenen durch einen oder mehrere der folgenden Faktoren bedingt sein:

1) Receptive Elemente, die das Hungergefühl vermitteln, haben eine erhöhte Schwelle.

2) Receptive Elemente, die das Sättigungsgefühl vermitteln, haben eine erhöhte Schwelle.

3) Das hypothetische Regelungssystem ist darauf abgestimmt, daß ein Minimalbetrag an Energie durch körperliche Arbeit verbraucht wird; dieser minimale Arbeitsbetrag ist überschritten worden.

4) Der 1. Satz der Thermodynamik (Satz von der Erhaltung der Energie) ist in biologischen Systemen nicht gültig.

5) Der Erwachsene nimmt eine Nahrungsmenge auf, deren freisetzbarer Energieinhalt größer als sein Energieumsatz ist.

Wählen Sie bitte die zutreffende Aussagenkombination.

A. Alle Aussagen sind richtig

B. Nur 2, 3, 4 und 5 sind richtig

C. Nur 2, 4 und 5 sind richtig

D. Nur 2 und 5 sind richtig

E. Nur 5 ist richtig

5.02   5.1.2 (+++)   Fragentyp D

Beurteilen Sie die folgenden Aussagen zum Körpergewicht.

1) "Normalgewicht" ist gleich dem arithmetischen Mittelwert der Körpergewichte einer repräsentativen Bevölkerungsgruppe (unter Berücksichtigung von Alter

Geschlecht, Körperlänge).

2) "Idealgewicht" ist gleich dem arithmetischen Mittelwert der Körpergewichte einer Bevölkerungsgruppe,
   die im Vergleich mit anderen Gruppen gleichen
   Alters, Geschlechts und gleicher Körperlänge die
   höchste Lebenserwartung hat.

3) Das Idealgewicht ist höher als das Normalgewicht.

4) Der Depotfettgehalt liegt bei Idealgewicht über
   40 % der Körpermasse.

5) Der Depotfettgehalt liegt bei Untergewicht unter
   15 % der Körpermasse.

Wählen Sie bitte die zutreffende Aussagenkombination.

A. Alle Aussagen sind richtig

B. Nur 1, 2 und 5 sind richtig

C. Nur 1, 2, 3 und 5 sind richtig

D. Nur 1, 2 und 3 sind richtig

E. Nur 1 und 5 sind richtig

5.03   5.1.3 (++)   Fragentyp D

Welche der folgenden Aussagen über das Hungergefühl
sind zutreffend? Das Hungergefühl

1) wird als Gemeingefühl bezeichnet, da eine Lokalisation des Hungergefühls nicht möglich ist (Fehlen
   der Grunddimension der Räumlichkeit)

2) kann durch Senkung des Blutglucosegehaltes hervorgerufen werden

3) wird z.T. durch Reizung postulierter Glucosereceptoren vermittelt ("glucostatische" Theorie der
   Regelung des Körpergewichts)

4) wird durch den Füllungszustand des Magens beeinflußt

5) wird u.a. durch Reize aufgehoben, die auch die
   Speichelsekretion hemmen

Wählen Sie bitte die zutreffende Aussagenkombination.

A. Nur 1 und 4 sind richtig

B. Nur 2 und 3 sind richtig

C. Nur 4 und 5 sind richtig

D. Nur 1, 4 und 5 sind richtig

E. Alle Aussagen sind richtig

5.04   5.2.1   Fragentyp A

Was versteht man unter Isodynamie der Nährstoffe?

A. Energieaufwand bei der Nutzbarmachung von Nahrungs-
   energie

B. Vertretbarkeit der drei Hauptnährstoffe bei der
   Energielieferung

C. Die für jeden der drei Hauptnährstoffe spezifische
   Energielieferung

D. Gleichartige Wirkung von Nährstoffen für geistige
   und körperliche Leistungen

E. Gleichartige Wirkung von Nährstoffen für die Sekretion von Verdauungsenzymen

5.05	5.2.2 (+++)	Fragentyp A

Die Zufuhr welcher Nährstoff-Gruppe verursacht die höchste spezifisch-dynamische Wirkung?

A. Fett

B. Eiweiß

C. Monosaccharide

D. Polysaccharide

E. Bestimmte Spurenelemente

5.06	5.2.2 (+++)	Fragentyp A

Was versteht man unter Gluconeogenese?

A. De novo-Synthese von Glucose nur aus Glucose- Metaboliten

B. Abbau von Kohlenhydraten

C. Neosynthese von Glucose aus Fett- bzw. Protein-Metaboliten

D. Aufbau von Glykogen aus Kohlenhydraten

E. Aufbau von Glykogen aus Fetten

5.07	5.2.2 (+++)	Fragentyp A

Wodurch kann eine alimentäre Hyperglykämie bewirkt werden? Durch

A. Verdauungsinsuffizienz

B. Diabetes mellitus

C. Mangel an Uridyl-Transferase

D. sehr hohe Gaben von niedermolekularen Kohlenhydraten

E. gesteigerte Glykogenbildung

5.08   5.2.2 (+++)   Fragentyp A

Was versteht man unter Eiweiß-Ergänzungswirkung?

A. Bessere Verwertung der Proteine durch gleichzeitige Aufnahme von Kohlenhydraten

B. Erhöhung der Protein-Wertigkeit bei gleichzeitiger
   Aufnahme zweier verschiedener Proteine

C. Ausgleich ungenügenden Calorienangebots durch
   Eiweißaufnahme

D. Die spezifisch-dynamische Wirkung der Proteine

E. Gaben von Eiweiß in der Rekonvaleszenz

5.09   5.2.2 (+++)   Fragentyp A

Was versteht man unter glucoplastischen Aminosäuren?

A. Aminosäuren, die als Ausgangsmaterial für die
   Gluconeogenese dienen

B. Aminosäuren, die in andere Aminosäuren umgewandelt
   werden können

C. Solche Aminosäuren, die erfahrungsgemäß die Protein-
   biosynthese begrenzen

D. Aminosäuren, die der Organismus durch Biosynthese
   herstellen kann

E. Aminosäuren, die die Wundheilung beschleunigen

5.10   5.2.2 (+++)   Fragentyp A

Welcher der folgenden als Faustregel für das günstige
Mischungsverhältnis der Nährstoffe geltenden Sätze ist
<u>falsch</u>?

A. 1 g Eiweiß soll pro Tag und kg Körpermasse zugeführt werden.

B. Ein Drittel des zugeführten Eiweißes soll "tie-
   risches" Eiweiß sein.

C. 20 - 30 % der Energiezufuhr soll in Form von Fetten
   erfolgen.

D. Die Eiweißzufuhr muß beim wachsenden Organismus, in
   der Rekonvaleszenz und bei Schwerarbeit über den in
   A angegebenen Wert erhöht werden.

E. Bei Übergewicht soll der Eiweißanteil der Nahrung
   reduziert werden.

| 5.11 | 5.3.1 (+++) | Fragentyp A |

Welche der folgenden Aussagen ist zutreffend? Als
physiologisches Eiweißminimum (Bilanz-Minimum) bezeichnet man

A. die täglich im Harn ausgeschiedene Eiweißmenge, die
   etwa 30 - 35 mg beträgt

B. die Eiweißmenge, die bei eiweißfreier Ernährung
   abgebaut wird

C. diejenige Eiweißmenge, die man zuführen muß, um den
   Menschen voll leistungsfähig zu halten

D. die Eiweißmenge, die man einer angemessenen Kost zu-
   fügen soll

E. diejenige Eiweißmenge, die mindestens zugeführt
   werden muß, um ein Stickstoffgleichgewicht zu ge-
   währleisten

| 5.12 | 5.3.2 (++) | Fragentyp A |

Wovon hängt die biologische Wertigkeit eines Proteins
ab?

A. Allein von der Verdaulichkeit

B. Von der Aminosäuresequenz

C. Von dem Gehalt an verwertbaren Aminosäuren

D. Von der Aminosäurezusammensetzung und der spezifisch-
   dynamischen Wirkung des betreffenden Nahrungsmittels

E. Von der Verdaulichkeit und dem Gehalt an einer
   Testaminosäure

5.13	5.3.3 (++)	Fragentyp A

Unter welchen Umständen ergibt sich für den Organismus
eine positive Stickstoffbilanz?

A. Bei normaler Gravidität

B. Bei normalem Wachstum

C. Bei Rekonvaleszenz

D. Bei Muskeltraining

E. In allen unter A - D genannten Fällen

5.14 5.15 5.16 5.17	5.4.3 (++)	Fragentyp B

Ordnen Sie bitte der in Liste 1 aufgeführten Passage-
zeit bzw. den verschiedenen Verweildauern jeweils die
richtige Zeit A - E aus Liste 2 zu.

Liste 1	Liste 2
5.14 Gesamte Passagezeit	A. 4 Stunden
5.15 Verweildauer im Magen	B. 12 Stunden
5.16 Verweildauer im Dünndarm	C. 24 - 36 Stunden
5.17 Verweildauer im Dickdarm	D. 48 Stunden
	E. 8 Stunden

5.18	5.5.1 (++)	Fragentyp C

Bei einer Facialislähmung kommt es zu keinerlei Störungen des Kauaktes,

<u>weil</u>

die wichtigsten Kaumuskeln (die zur Occlusion der Zahn-
reihen führen) nicht vom N. facialis innerviert werden.

5.19	5.5.2 (++)	Fragentyp D

Das Saugen

1) geht mit einem Senken des Mundbodens einher
2) beherrscht der Säugling erst nach einem aktiven
   Lernprozeß
3) ist ein medullärer, autonomer Reflex
4) ist nicht angeboren

Wählen Sie bitte die zutreffende Aussagenkombination.

A. 1, 2 und 4 sind richtig

B. 1 und 3 sind richtig

C. 2 und 4 sind richtig

D. 2 und 3 sind richtig

E. Alle Aussagen sind richtig

5.20	5.5.3 (++)	Fragentyp A

Die durchschnittliche Tagessekretion von Speichel beträgt

A. 10 - 50 ml

B. 50 - 100 ml

C. 250 - 500 ml

D. 1 - 1,5 l

E. 3 l

5.21   5.5.4 (+++)   Fragentyp D
                              5.5.5 (+++)

Der parasympathisch-cholinerge Antrieb der Speichelsekretion

1) ist durch Atropin blockierbar

2) führt maximal zu einer Steigerung der Sekretionsrate um den Faktor 20

3) führt zur Bildung einer geringen Menge stark schleimhaltigen Speichels

4) ist von einer Gefäßerweiterung begleitet, die durch Bradykinin vermittelt und durch Atropin nicht blockierbar ist

Wählen Sie bitte die zutreffende Aussagenkombination.

A. Nur 1 und 3 sind richtig

B. Nur 2, 3 und 4 sind richtig

C. Nur 1, 2 und 4 sind richtig

D. Nur 3 ist richtig

E. Alle Aussagen sind richtig

5.22   5.5.6 (+++)   Fragentyp D

Die Speichelsekretion kann gefördert werden durch

1) Geruchsstoffe

2) Geschmacksstoffe

3) mechanische Reize

4) chemische Reize

Wählen Sie bitte die zutreffende Aussagenkombination.

A. Nur 1 und 2 sind richtig

B. Nur 1, 2 und 3 sind richtig

C. Nur 1, 3 und 4 sind richtig

D. Nur 2 ist richtig

E. Alle Aussagen sind richtig

5.23	5.5.7 (++)	Fragentyp A

Die Speichelsekretion läßt sich im Experiment am besten verstärken durch elektrische Reizung im Bereich des

A. sensorischen Cortex

B. Hypothalamus

C. Kleinhirns

D. verlängerten Marks

E. Rückenmarks

5.24	5.5.8 (+++)	Fragentyp C

Die Steigerung der Speichelsekretion durch den Anblick von Speisen ist auf einen bedingten Reflex zurückzuführen,

<u>weil</u>

diese Art der Sekretionssteigerung einer Konditionierung bedarf.

5.25	5.6.1 (++)	Fragentyp C

Das Schlucken kann willkürlich eingeleitet werden,

<u>weil</u>

das Zurückschieben des geformten Bissens auf den Zungengrund und in den Pharynx der adäquate Reiz des Schluckreflexes ist.

5.26   5.6.2 (+++)   Fragentyp D

Beim Ablauf des Schluckaktes spielen efferente Impulse
folgender Nerven eine Rolle:

1) Facialis

2) Glossopharyngeus

3) Hypoglossus

4) Vagus

5) Trigeminus

Wählen Sie bitte die zutreffende Aussagenkombination.

A. Nur 1, 2 und 3 sind richtig

B. Nur 1, 3 und 5 sind richtig

C. Nur 1, 2 und 4 sind richtig

D. Nur 1 und 5 sind richtig

E. Alle Aussagen sind richtig

5.27   5.6.2 (+++)   Fragentyp D

Welche der aufgeführten Mechanismen verhindern, daß
beim Schlucken Nahrungsbestandteile in die Atemwege
gelangen?

1) Anheben des weichen Gaumens

2) Höhertreten des Kehlkopfes

3) Verschluß des Kehlkopfeinganges durch die Epiglottis

4) Schluß der Stimmritze

5) Reflektorische Atemhemmung

Wählen Sie bitte die zutreffende Aussagenkombination.

A. Nur 1, 2 und 3 sind richtig

B. Nur 1, 3 und 4 sind richtig

C. Nur 1 und 4 sind richtig

D. Nur 1, 2, 3 und 4 sind richtig

E. Alle Aussagen sind richtig

5.28	5.6.3 (++)	Fragentyp A

Der adäquate Reiz für die Relaxation der sphincterartig wirkenden Ringmuskulatur der Kardia ist bzw. sind

A. efferente Sympathicusimpulse

B. der pH-Wert des Bissens

C. die Berührung der hinteren Rachenwand durch den Bissen

D. efferente Vagusimpulse

E. die Dehnung präkardialer Oesophagusabschnitte

5.29	5.6.3 (++)	Fragentyp C

Doppelseitige Vagusdurchtrennung hat keinen Einfluß auf den Ablauf der Oesophagusperistaltik,

<u>weil</u>

die mit der Kontraktionswelle einhergehende Erregung sich ausschließlich über die Muskulatur ausbreitet.

5.30	5.7.1 (+++)	Fragentyp A

Welche der folgenden 5 Arten von Darmbewegungen funktioniert <u>nicht</u> ohne intakten Plexus myentericus?

A. Peristaltische Kontraktionen

B. Tonusänderungen

C. Pendelbewegungen

D. Segmentationsbewegungen

E. Zottenbewegungen

5.31	5.7.2 (+++)	Fragentyp D

Für die glatte Muskulatur des Magen-Darm-Kanals gilt:

1) Es handelt sich um Spikes (Spitzenpotentiale) produzierende glatte Muskelzellen.

2) Sie sind zu automatischer Erregungsbildung fähig.

3) Die Fortleitung der Erregung erfolgt über Nexus (gap junction).

4) Sie werden durch Acetylcholin depolarisiert.

5) Sie werden durch Noradrenalin hyperpolarisiert.

Wählen Sie bitte die zutreffende Aussagenkombination.

A. Nur 1, 2 und 3 sind richtig

B. Nur 1, 3 und 5 sind richtig

C. Nur 2, 3 und 4 sind richtig

D. Nur 3, 4 und 5 sind richtig

E. Alle Aussagen sind richtig

5.32	5.7.3 (++)	Fragentyp D

Für die glatten Muskelzellen des Magen-Darm-Traktes gilt:

1) Das Membranpotential ist wesentlich niedriger als das von Skelettmuskelfasern.

2) Das Ruhepotential glatter Muskelfasern ist besonders stabil.

3) Die Natriumdurchlässigkeit der Fasermembran ist besonders gering.

4) Die Dauer des Aktionspotentials beträgt nicht 1 - 2, sondern rund 50 ms.

5) Tetanische Kontraktionen kommen nicht vor.

Wählen Sie bitte die zutreffende Aussagenkombination.

A. Nur 1 und 2 sind richtig

B. Nur 1 und 4 sind richtig

C. Nur 2 und 4 sind richtig

D. Nur 4 und 5 sind richtig

E. Alle Aussagen sind richtig

5.33	5.7.4 (+++)	Fragentyp A

Die Automatie der glatten Muskulatur des Magen-Darm-
Kanals wird durch alle folgenden Einflüsse gefördert,
<u>außer</u>

A. Vaguserregung (cholinerge Einflüsse)

B. Splanchnicuserregung (adrenerge Einflüsse)

C. Wanddehnung

D. Histamin

E. Serotonin

5.34	5.8.2 (+++)	Fragentyp A

Welche der folgenden Aussagen trifft auf die Magen-
peristaltik <u>nicht</u> zu?

A. Die aboralwärts laufenden ringförmigen Einschnürungen des Magens beginnen in der Regel im mittleren Teil des Corpus.

B. Die Schnürwellen haben in der Regel eine Frequenz
   von 3/Minute.

C. Die peristaltischen Wellen des Magens gehen mit
   derart geringen Einschnürungen einher, daß die
   inneren Lagen der aufgenommenen Speisen bis zu
   1 1/2 Stunden frei von Magensaft bleiben können.

D. Füllung des Magens führt erst zu einer Erschlaffung
   des Magens und dann zu gesteigerter Magenmotilität.

E. Enterogastron steigert die Motilität des Magens.

5.35	5.8.3 (++)	Fragentyp C

Vagotomie führt zu einer monatelang anhaltenden Erweiterung (Überdehnung) des Magens,

<u>weil</u>

es nach Vagotomie zu einer spastischen Kontraktion im
Bereich des Pylorus kommt.

5.36	5.8.4 (++)	Fragentyp C

Nahrungsaufnahme führt innerhalb kurzer Zeit zu einer
Erschlaffung der Magenwand im Fundus- und Corpusbereich,

<u>weil</u>

vor allem fetthaltige Speisen zu einer verstärkten
Sekretion von Enterogastron durch die Hauptzellen der
Magenschleimhaut führen.

5.37	5.8.5 (+++)	Fragentyp A

Die Sekretion von Enterogastron wird durch die folgenden
Reize gesteigert, <u>außer</u>

A. Fette

B. Eiweißabbauprodukte

C. hypertone Zuckerlösungen

D. Säure

E. Entleerung und damit Entdehnung des Duodenums

5.38	5.9.1 (++)	Fragentyp A

Die durchschnittliche Tagessekretion des Magens liegt
etwa bei

A. 5000 ml

B. 3000 ml

C. 1000 ml

D. 250 ml

E. 100 ml

5.39 5.40	5.9.2 (+++)	Fragentyp B

Ordnen Sie bitte den in Liste 1 aufgeführten Magen-
abschnitten diejenige sekretorische Leistung A - E aus
Liste 2 zu, die für den betreffenden Magenabschnitt
charakteristisch ist.

<u>Liste 1</u>	<u>Liste 2</u>
5.39 Corpus	A. Gastrinsekretion
5.40 Antrum	B. Säuresekretion
	C. Enterogastronsekretion
	D. Villikinin-Sekretion
	E. Chymotrypsinogensekretion

5.41   5.9.3 (+++)   Fragentyp C

Das Nüchternsekret des Magens enthält weniger Salz-
säure, weniger Enzyme und mehr Mucin als das Ver-
dauungssekret,

<u>weil</u>

in der Ruhepause der Vagustonus überwiegt.

5.42   5.9.3 (+++)   Fragentyp D

Die Magensaftsekretion kann gesteigert werden durch

1) die Vorstellung appetitanregender Nahrung

2) den Anblick, Geruch oder Geschmack der Nahrung

3) die Aufnahme von Nahrung in den Mund

Wählen Sie bitte die zutreffende Aussagenkombination.

A. Nur 1 ist richtig

B. Nur 2 ist richtig

C. Nur 1 und 3 sind richtig

D. Nur 2 und 3 sind richtig

E. Alle Aussagen sind richtig

5.43	5.9.4 (+++)	Fragentyp A

Die Magensaftsekretion wird durch die folgenden Faktoren gesteigert, <u>außer</u>

A. Kontakt der Magenschleimhaut mit Säure

B. Kontakt mit einer Lösung von $NaHCO_3$

C. Kontakt mit Produkten der Eiweißverdauung

D. Kontakt mit Fleischextrakt

E. mäßige Dehnung des Antrums

5.44	5.9.5 (++)	Fragentyp C

Die Einführung von Leberbrei in eine isolierte, denervierte Antrumtasche führt nicht zur Steigerung der Magensaftsekretion in einer ebenfalls denervierten Fundustasche,

<u>weil</u>

sowohl die Ausschüttung als auch Wirkung von Gastrin die Unversehrtheit von afferenten und efferenten Vagusfasern voraussetzt.

5.45	5.9.6 (+++)	Fragentyp C

Kontakt der Antrumschleimhaut mit sauren Lösungen (pH kleiner als 2,5 - 3) vermindert die Säureproduktion,

<u>weil</u>

die Belegzellen nicht imstande sind, die H^+-Ionenkonzentration über 10^{-3} mol/l zu erhöhen.

5.46	5.9.7 (++)	Fragentyp A

Die maximale H^+-Ionenkonzentration im menschlichen Magensaft entspricht einem pH-Wert von:

A. 5 - 6

B. 4 - 5

C. 3 - 4

D. 1 - 2

E. O

5.47	5.10.1 (++)	Fragentyp C

Antiperistaltische Darmbewegungen kommen beim Menschen
sowohl im Dünndarm als auch im Dickdarm vor,

<u>weil</u>

nur dadurch eine ausreichend lange Verweildauer des
Chymus in den resorbierenden Darmabschnitten erreicht
wird.

5.48 5.49 5.50	5.10.2 (++)	Fragentyp B

Ordnen Sie bitte den Organen in Liste 1 diejenige
Sekretmenge aus Liste 2 zu, die diese Organe pro Tag
durchschnittlich ausschütten.

<u>Liste 1</u>	<u>Liste 2</u>
5.48 Magen	A. 250 ml
5.49 Pankreas	B. 500 ml
5.50 Gallenblase	C. 3000 ml
	D. 2000 ml
	E. 5000 ml

5.51	5.10.4 (+++)	Fragentyp A

Die im folgenden aufgeführten Wirkstoffe entstammen
der Schleimhaut des Duodenums, <u>außer</u>

A. Secretin

B. Pankreozymin

C. Enterogastron

D. Cholecystokinin

E. Trypsin

5.52   5.10.4 (+++)   Fragentyp D

Das Hormon Pankreozymin

1) wird in der Schleimhaut des oberen Verdauungs-
   traktes gebildet
2) erhöht die Sekretion eines wäßrigen, alkalischen
   und enzymarmen Pankreassaftes
3) stimuliert die Gallenblasenkontraktionen
4) stimuliert die Enzymsekretion aus den Pankreas-
   zellen

Wählen Sie bitte die zutreffende Aussagenkombination.

A. Nur 1 und 2 sind richtig

B. Nur 1 und 4 sind richtig

C. Nur 1, 2 und 3 sind richtig

D. Nur 2 und 4 sind richtig

E. Nur 3 ist richtig

5.53   5.10.5 (++)   Fragentyp C

Die Gallensekretion der Leber nimmt bei gesteigerter
Leberdurchblutung zu,

<u>weil</u>

Vagusreizung die Gallensekretion fördert.

5.54   5.10.6 (+++)   Fragentyp A

Die unten aufgeführten Substanzen haben vom Duodenal-
inhalt aus eine Wirkung auf die Entleerung der Gallenblase, <u>außer</u>

A. HCl

B. Eiweiß

C. Polypeptide

D. Kohlenhydrate

E. Fette

5.55	5.10.6 (+++)	Fragentyp D

Cholecystokinin

1) regt die Produktion von Gallenfarbstoffen in der
   Leber an
2) führt zur Öffnung des Sphincter Oddi
3) führt zu Kontraktionen der Gallenblase
4) ist ein Produkt der Leberzellen

Wählen Sie bitte die zutreffende Aussagenkombination.

A. Nur 1 ist richtig

B. Nur 2 ist richtig

C. Nur 3 ist richtig

D. Nur 3 und 4 sind richtig

E. Nur 1 und 3 sind richtig

5.56	5.10.7 (+++) 5.10.9 (+++)	Fragentyp C

Die Natrium-Resorption im Darm ist von einer Wasserresorption begleitet,

weil

durch die Na-Resorption ein osmotischer Gradient entsteht.

5.57	5.10.10 (+++)	Fragentyp C

Die Blutversorgung der Leber erfolgt ausschließlich
über die Vena portae,

weil

die Darm- und Leberblutstrombahn hintereinanderge-
schaltet sind.

5.58   5.10.10 (+++)   Fragentyp D

Die Darmdurchblutung

1) wird bei Sympathicusaktivierung verringert

2) beträgt bei einem Erwachsenen in Ruhe insgesamt etwa 1200 ml/min

3) ist nach Nahrungsaufnahme erhöht

4) spielt eine Rolle bei der Freisetzung von Vasopressin (Blutvolumenregulation)

Wählen Sie bitte die zutreffende Aussagenkombination.

A. Nur 1 ist richtig

B. Nur 1 und 3 sind richtig

C. Nur 1, 2 und 3 sind richtig

D. Nur 2 und 4 sind richtig

E. Nur 1, 3 und 4 sind richtig

5.59   5.11.1 (++)   Fragentyp A

Die im folgenden aufgeführten Prozesse finden im Dickdarm statt, außer

A. Wasserresorption

B. bakterielle Vitaminsynthese

C. Resorption von Nahrungseisen

D. Sekretion von Schleimstoffen

E. Bildung von Scatol und Indol

5.60   5.11.2 (+++)   Fragentyp A

Der adäquate Reiz für die Auslösung des Stuhldranges

A. ist die Dehnung der Ampulla recti durch Eintritt von Darminhalt

B. ist die Entleerung der Harnblase

C. ist eine Erregung des Sympathicus

D. ist die willkürliche Zwerchfellinnervation

E. sind vorwiegend psychische Faktoren

Kapitel 6
Energie- und Wärmehaushalt (K. Brück)

6.01   6.1.1 (+++)   Fragentyp B
6.02
6.03

Ordnen Sie den in Liste 1 genannten Nährstoffen ihre
physiologischen Brennwerte (Liste 2) zu.

Liste 1	Liste 2
6.01 Kohlenhydrat	A. 4,1 kcal/g
6.02 Fett	B. 5,6 kcal/g
6.03 Eiweiß	C. 4,1 cal/g
	D. 9,3 kcal/g
	E. 9,3 cal/g

6.04   6.1.2 (+++)   Fragentyp D

Die mittlere Körpertemperatur eines 90 kg schweren
Menschen sei um 1°C abgesunken. Welche der folgenden
Angaben sind sowohl zutreffend als auch erforderlich,
wenn man das der ausgetauschten Wärmemenge äquivalente
O_2-Volumen berechnen will?

1) Der durchschnittliche Brennwert der Nährstoffe
   beträgt 5 kcal/g.

2) Die spezifische Wärme des Körpers beträgt rund
   0,8 kcal/g.

3) Das calorische Äquivalent des Sauerstoffs beträgt
   bei Mischkost rund 4,8 kcal/Liter O_2.

4) Die spezifisch-dynamische Wirkung der Nährstoffe
   beträgt bei Mischkost rund 5 %.

5) Der Wassergehalt des Körpers beträgt durchschnittlich 65 %.

Wählen Sie bitte die zutreffende Aussagenkombination.

A. Alle Aussagen sind zutreffend und erforderlich.

B. Nur Aussagen 1, 2, 3 und 4 sind zutreffend und
   erforderlich.

C. Nur Aussagen 1, 2 und 3 sind zutreffend und erforderlich.

D. Nur Aussagen 1 und 2 sind zutreffend und erforderlich.

E. Nur Aussagen 2 und 3 sind zutreffend und erforderlich.

6.05   6.1.3 (++)   Fragentyp D

Welche der folgenden Aussagen sind zutreffend? Der
respiratorische Quotient

1) liegt nahe 0,7, sofern vorwiegend Fett oxidiert
   wird

2) kann bei längerfristiger Kohlenhydratüberernährung
   Werte über 1 annehmen

3) kann bei Hyperventilation kurzfristig unter 0,7
   absinken

4) kann im Hungerzustand Werte über 1 annehmen

5) muß zur Berechnung des Energieumsatzes mit dem
   O_2-Verbrauch multipliziert werden

Wählen Sie bitte die zutreffende Aussagenkombination.

A. Alle Aussagen sind richtig

B. Keine Aussage ist richtig

C. Nur 2, 3, 4 und 5 sind richtig

D. Nur 2, 3 und 4 sind richtig

E. Nur 1 und 2 sind richtig

| 6.06 | 6.1.3 (++) | Fragentyp C |

Der respiratorische Quotient beträgt bei der Oxidation von Glucose ca. 0,7,

<u>weil</u>

die folgende stöchiometrische Beziehung gilt:
$C_6H_{12}O_6 + 6\ O_2 \dashrightarrow 4\ CO_2 + 6\ H_2O$.

| 6.07 | 6.1.4 (++) | Fragentyp A |

Bei der indirekten Calorimetrie wird

A. der Energieumsatz aus dem respiratorischen Quotienten und der aufgenommenen Nahrungsmenge berechnet

B. der Energieumsatz aus der Menge des verbrauchten Sauerstoffes (bei hohen Genauigkeitsansprüchen unter Berücksichtigung des respiratorischen Quotienten) berechnet

C. die vom Körper abgegebene Wärmemenge aus der Wasserabgabe in der Atemluft berechnet

D. die im Körper gebildete Wärme aus der Differenz der Energieinhalte der aufgenommenen Nährstoffe und der ausgeschiedenen Metaboliten berechnet

E. der Energieumsatz aus der abgegebenen Gesamtwärmemenge berechnet

6.08	6.1.5 (++) 6.1.6 (+++) 6.1.7 (+++)	Fragentyp D

Welche der folgenden Aussagen zur Bestimmung der O_2-Aufnahme des Menschen sind zutreffend? Eine Bestimmung des pro Zeiteinheit aufgenommenen O_2-Volumens

1) kann mittels eines Spirometers ("geschlossenes System") erfolgen

2) im "geschlossenen System" erfordert die Messung der O_2-Konzentration im Spirometer zu Beginn und Ende der Untersuchungsperiode

3) kann mittels Gasometer (zur Messung des Atemzeit-volumens) und Bestimmung der O_2-Konzentration in der Ausatmungsluft ermittelt werden ("offenes System")

4) erfordert die Kenntnis der Umgebungstemperatur, des Luftdruckes und des Wasserdampfgehalts, da der ge-messene Wert auf Normalbedingungen (STPD) reduziert werden muß

5) wird in der Regel durch die technisch bequemere Bestimmung der CO_2-Abgabe im geschlossenen System ermittelt

Wählen Sie bitte die zutreffende Aussagenkombination.

A. Nur 5 ist richtig

B. Nur 1 und 4 sind richtig

C. Nur 1, 2 und 4 sind richtig

D. Nur 3 und 4 sind richtig

E. Nur 1, 3 und 4 sind richtig

6.09	6.2.1 (++)	Fragentyp D

Eine oder mehrere der folgenden Bedingungen müssen er-füllt sein, wenn der beim Menschen gemessene Energie-umsatz als Grundumsatz bezeichnet werden soll.

1) Messung morgens unmittelbar nach dem Frühstück

2) Umgebungstemperatur über 30°C

3) Körperliche und geistige Entspannung

4) 24-stündige Flüssigkeitskarenz

5) 24 Stunden vor Messung keine Kochsalzzufuhr

Wählen Sie bitte die zutreffende Aussagenkombination.

A. Nur 1, 2 und 3 sind richtig

B. Alle Aussagen sind richtig

C. Keine Aussage ist richtig

D. Nur 3 ist richtig

E. Nur 3 und 4 sind richtig

6.10   6.2.2 (++)   Fragentyp A

Welche der folgenden Aussagen über den Grundumsatz des
Menschen ist zutreffend? Der Grundumsatz

A. ist unabhängig vom Alter

B. nimmt linearproportional mit dem Körpergewicht zu

C. beträgt bei einem einjährigen Kind - bezogen auf
   die Körpergewichtseinheit - nur halb so viel wie
   beim Erwachsenen

D. ist, wenn er auf die Körperoberflächeneinheit bezogen wird, unabhängig von Körpergröße, Geschlecht
   und Alter

E. beträgt beim Erwachsenen ca. 1 kcal/kg Körpergewicht
   und Stunde

6.11	6.3.1 (+++)	Fragentyp B
6.12	6.5.4 (++)	
6.13	6.7.2 (++)	
6.14		
6.15		

Der Energieumsatz kann unter den in Liste 1 genannten Bedingungen die in Liste 2 genannten Größenbereiche erreichen

Liste 1

6.11 Leichte körperliche Dauerbelastung

6.12 Schwere kurzfristige Arbeitsbelastung

6.13 Schwere Dauerarbeitsbelastung

6.14 Starke Kältebelastung

6.15 Emotionale Muskeltonussteigerung

Liste 2

A. 1,2 - 1,7 kcal/kg Std

B. 3 - 4 kcal/kg Std

C. 7 - 12 kcal/kg Std

D. 40 - 50 kcal/kg Std

E. 100 - 200 kcal/kg Std

| 6.16 | 6.3.2 (++) | Fragentyp A |
| | 6.3.3 (++) | |

Die spezifisch-dynamische Wirkung des Eiweißes beträgt etwa 30 Prozent. Dies bedeutet, daß

A. dieser Anteil des Eiweißes nur zur Leistung muskulärer Arbeit verwendet werden kann

B. der Ruhe-Energieumsatz nach Aufnahme von 100 kcal in Form von Eiweiß um 30 kcal erhöht wird

C. nur 30 % des Eiweißes verdaut und resorbiert werden

D. nur 30 % der im Eiweiß enthaltenen Calorien zur Deckung des Grundumsatzes verwendet werden können

E. Eiweißnahrung bei stärkerer Kältebelastung eine ungünstige Wirkung hat

| 6.17 | 6.4.1 (++) | Fragentyp A |

Welche der folgenden Aussagen über die Begriffe Homöothermie und Poikilothermie ist zutreffend?

A. Homöothermie liegt vor, wenn alle Körperschichten
   genau die gleiche Temperatur haben.

B. Poikilothermie liegt vor, wenn die Körperschale eine
   niedrigere Temperatur als der Körperkern hat.

C. Ein wesentliches Kennzeichen der Homöothermie sind
   die thermoregulatorischen Stellvorgänge.

D. Poikilothermie liegt vor, wenn die Hautfarbe mangels
   zureichender Durchblutung bei Kältebelastung eine
   bläuliche Verfärbung zeigt.

E. Poikilothermie nennt man das für Vögel und Säuger,
   einschließlich Mensch, typische thermoregulatorische
   Verhalten.

| 6.18 | 6.4.2 (++) | Fragentyp A |

Ein leicht bekleideter Erwachsener hält sich eine
Stunde bei einer Umgebungstemperatur von $0^{o}C$ auf. Dabei
kommt es zu

A. Senkung der O_2-Aufnahme

B. Steigerung des Energieumsatzes um mehr als 50 -
   100 %

C. Abnahme des Muskeltonus

D. Verminderung des Herzminutenvolumens

E. Steigerung des RQ über 1,0

| 6.19 | 6.5.1 (+++) | Fragentyp A |

Eine der folgenden Aussagen über die $37^{o}C$-Isotherme des
Temperaturfeldes im menschlichen Organismus ist <u>falsch</u>.
Die $37^{o}C$-Isotherme

A. ist abhängig von der Umgebungstemperatur

B. verläuft bei starker Kältebelastung innerhalb des
   Körperstammes

C. repräsentiert die Temperatur der Körperschale

D. markiert etwa die Grenze von Körperschale und
   Körperkern

E. verschiebt sich bei Hitzebelastung zur Körperoberfläche hin

6.20	6.5.2 (+++)	Fragentyp C

Die Körpertemperatur des Menschen zeigt tagesrhythmische Schwankungen mit einer Amplitude, die $1^{O}C$ und mehr betragen kann,

<u>weil</u>

körperliche Arbeit mit einer Steigerung der Körperkerntemperatur einhergeht.

6.21	6.5.3 (++)	Fragentyp D

Welche der folgenden Aussagen sind zutreffend? Bei Axillartemperaturmessung

1) läßt man das Thermometer höchstens 3 Minuten liegen, da sonst fälschlich zu hohe Werte abgelesen werden

2) hängt die Zeitdauer bis zur Erreichung eines konstanten Endwertes, der annähernd der Körperkerntemperatur entspricht, von der Körperschalentemperatur zu Beginn der Messung ab

3) ist die Zeitdauer bis zur Einstellung eines konstanten Endwertes von der Hautdurchblutung in der Axillarregion abhängig

4) muß (wegen 3) berücksichtigt werden, daß im Fieberanstieg die Hautdurchblutung reduziert ist

Wählen Sie bitte die zutreffende Aussagenkombination.

A. Nur 1, 3 und 4 sind richtig

B. Nur 1 und 2 sind richtig

C. Nur 2 und 3 sind richtig

D. Nur 2, 3 und 4 sind richtig

E. Keine Aussage ist richtig

6.22	6.5.4 (++) 6.6.4 (+++)	Fragentyp A

Die Körper<u>kern</u>temperatur steigt bei kühlen wie warmen Umgebungsbedingungen annähernd proportional zur Arbeitsbelastung an,

A. weil das Temperaturregelungssystem thermische Informationen aus verschiedenen Körpergebieten

integriert und die Hauttemperatur bei Arbeit infolge
Schweißverdunstung erniedrigt ist

B. weil durch einen "Arbeitsfaktor" der Sollwert der
   Körpertemperatur bei Arbeit verstellt wird

C. weil die Wärmeabgabemechanismen wenig effektiv sind,
   so daß jede Steigerung der Wärmebildung zwangs-
   läufig eine Wärmestauung bewirkt

D. weil ein Großteil des Herzminutenvolumens für die
   Muskelarbeit benötigt wird und dadurch für den
   Wärmeaustausch an der Körperoberfläche ausfällt

E. weil die Empfindlichkeit der Thermoreceptoren bei
   Arbeit verändert ist

6.23   6.6.1 (+++)   Fragentyp A
____

Welcher der folgenden physiologischen Mechanismen ist
kein Stellglied des Temperaturregelungskreises?

A. Kältezittern

B. Steigerung der Schweißsekretion

C. Auftreten von zitterfreier Wärmebildung

D. Grundumsatz

E. Vasomotorik

| 6.24 | 6.6.1 (+++)
6.6.2 (++)
6.6.3 (+++) | Fragentyp A |

Welche der folgenden Aussagen ist <u>falsch</u>? Unter Temperaturregelungszentrum versteht man zentralnervöse Strukturen,

A. die in regeltechnischer Terminologie als "Regler" anzusehen sind

B. die über cutane und innere Thermoreceptoren Informationen über die Temperatur verschiedener Körperregionen erhalten

C. die über effectorische Ausgangssignale thermoregulatorische Stellglieder im Sinne einer negativen Rückkopplung steuern

D. deren Ganglienzellen bei Kältebelastung zur thermoregulatorischen Wärmebildung angeregt werden

E. die aus der Körperoberfläche einlaufende Temperatursignale so verarbeiten, daß thermoregulatorische Reaktionen eintreten können, bevor die Körperinnentemperatur eine wesentliche Änderung erfahren hat ("anticipatorische" Regelung oder "Regelung mit Störgrößenaufschaltung")

| 6.25 | 6.6.3 (+++) | Fragentyp A |

Man stellt bei der Temperaturregelung den sog. autonomen Stellvorgängen thermoregulatorische Verhaltensweisen gegenüber. Welcher der folgenden Vorgänge gehört <u>nicht</u> zur "Verhaltensregelung"?

A. Zusammenkauern (Verminderung der wirksamen Körperoberfläche)

B. Fächeln der Stirn

C. Trinken kalter Flüssigkeit

D. Bedeckung der Körperoberfläche durch Kleidung

E. Vasconstriction der Hautgefäße

| 6.26 | 6.6.4 (+++) | Fragentyp C |

Temperaturregelungsvorgänge können bereits vor Änderung der Körperkerntemperatur einsetzen,

<u>weil</u>

die Aktivierung aller Temperaturregelungsvorgänge ausschließlich über Thermoreceptoren der Körperoberfläche
erfolgt.

6.27   6.6.4 (+++)   Fragentyp C

Nach einem Saunaaufenthalt sei die Körpertemperatur
auf 39°C angestiegen. Ein anschließendes kaltes Bad
löst kein Kältezittern aus,

<u>weil</u>

die über cutane Thermoreceptoren angetriebenen Kälte-
abwehrvorgänge bei erhöhter Kerntemperatur über im
Körperinnern gelegene Warmreceptoren gehemmt werden.

6.28   6.7.1 (+++)   Fragentyp D

Welche der folgenden Aussagen sind zutreffend? Thermoregulatorische Wärmebildung

1) spielt sich beim menschlichen Neugeborenen und bei
   kleinen kälteadaptierten Species ausschließlich
   im braunen Fettgewebe ab

2) kann in der Skelettmuskulatur durch rhythmische
   Muskelkontraktion hervorgerufen werden

3) ist im Falle des Kältezitterns von einer Verminderung der konvektiven Wärmeabgabe begleitet,
   was den Nutzeffekt im Vergleich mit zitterfreier
   Wärmebildung vergrößert

4) im braunen Fettgewebe wird über das parasympathische
   Nervensystem ausgelöst

5) im braunen Fettgewebe kann durch Blockade der adrenergen ß-Receptoren gehemmt werden

Wählen Sie bitte die zutreffende Aussagenkombination.

A. Nur 1 und 4 sind richtig

B. Nur 2 und 5 sind richtig

C. Nur 2, 3 und 4 sind richtig

D. Nur 2, 3 und 5 sind richtig

E. Keine Aussage ist richtig

6.29	6.8.1 (++)	Fragentyp D

Welche der folgenden Aussagen sind zutreffend? Der Wärmeabstrom vom Körper zur Umgebung erfolgt

1) beim Menschen allein durch Evaporation von Schweiß

2) beim Hund ausschließlich durch Evaporation von Flüssigkeitsabsonderungen im Respirationstrakt

3) beim Menschen unter indifferenten Umgebungsbedingungen ausschließlich durch Wärmeabstrahlung

4) beim Menschen unter thermisch indifferenten Bedingungen ausschließlich durch Wärmekonvektion und -konduktion

5) ausschließlich durch Verdunstung von Flüssigkeit auf Haut und Schleimhäuten

Wählen Sie bitte die zutreffende Aussagenkombination.

A. Nur 4 ist richtig

B. Nur 3 ist richtig

C. Nur 2 und 5 sind richtig

D. Nur 1 ist richtig

E. Keine Aussage ist richtig

6.30	6.8.2 (+++)	Fragentyp D

Thermoregulatorische Veränderungen der Hautdurchblutung des Menschen

1) sind regional unterschiedlich stark ausgeprägt

2) können im Bereich der distalen Extremitäten 1 : 100 und mehr betragen

3) werden im Bereich der distalen Extremitäten im wesentlichen durch Tonusänderungen des Sympathicus bedingt

4) werden allein über vasodilatatorische Nerven vermittelt

5) beruhen in den distalen Extremitäten zu einem Teil auf Öffnung bzw. Schließung von arterio-venösen Anastomosen

6) werden über den parasympathischen Überträgerstoff Bradykinin vermittelt

Wählen Sie bitte die zutreffende Aussagenkombination.

A. Nur 2, 4 und 5 sind richtig

B. Nur 1, 5 und 6 sind richtig

C. Nur 1, 2 und 6 sind richtig

D. Nur 1, 2, 5 und 6 sind richtig

E. Nur 1, 2, 3 und 5 sind richtig

6.31   6.8.2 (+++)   Fragentyp C

Durch Vasoconstriction der Hautgefäße wird die Wärmeabgabe an die Umgebung erschwert,

weil

dabei der Blutstrom nur noch über die stark wärme-
isolierten arterio-venösen Anastomosen fließt.

6.32   6.8.3 (+++)   Fragentyp A

Welche der folgenden Kombinationen von Temperaturen
und physiologischen Größen ist beim ruhenden, mit Bade-
anzug bekleideten Erwachsenen im stationären Zustand
nicht möglich? (Es gelten folgende Abkürzungen: T_a =
Umgebungstemperatur, $\bar{T}_s$ = mittlere Hauttemperatur,
T_r = Rectaltemperatur, alle in $^{\circ}C$; $\dot{V}_s$ = Hautdurchblutung; SR = Schweißsekretionsrate.)

A. T_a 29, $\bar{T}_s$ 33, T_r 37, $\dot{V}_s$ mittlere Größe, SR Null

B. T_a 35, $\bar{T}_s$ 34,8, T_r 38, $\dot{V}_s$ maximal, SR maximal

C. T_a 16, $\bar{T}_s$ 34, T_r 37, $\dot{V}_s$ ziemlich hoch, SR mittel

D. T_a 18, $\bar{T}_s$ 29, T_r 37, $\dot{V}_s$ minimal, SR Null

E. T_a 24, $\bar{T}_s$ 31, T_r 37, $\dot{V}_s$ minimal, SR Null

6.33   6.8.4 (+++)   Fragentyp C

Die thermische Indifferenztemperatur für den Menschen
ist in Wasser niedriger als in Luft,

<u>weil</u>

die Wärmeleitzahl des Wassers und seine Wärmekapazität
größer als die von Luft sind.

6.34   6.8.5 (+++)   Fragentyp A

Welche der folgenden Aussagen ist zutreffend? Evapo-
rative Wärmeabgabe

A. ist beim Menschen nicht mehr möglich, wenn die
   relative Feuchte der Umgebung 100 % beträgt

B. ist abhängig von der Dampfdruckdifferenz zwischen
   Körperoberfläche und Umgebung

C. ist quantitativ der bedeutendste Wärmeabgabe-
   mechanismus, da die Verdampfungswärme des Wassers
   5,8 kcal pro Liter beträgt

D. ist nur möglich, wenn die Umgebungstemperatur die
   Hauttemperatur nicht übersteigt

E. ist nur möglich, wenn die Schweißsekretion eingesetzt hat (glanduläre Wasserabgabe)

6.35   6.8.6 (++)   Fragentyp D

Perspiratio insensibilis ist durch eine oder mehrere
der folgenden Aussagen charakterisiert:

1) Ihre Größe wird durch die nervale Stimulation der
   Schweißdrüsen bestimmt.

2) Sie nimmt bei zunehmender Hitzebelastung zu.

3) Sie beträgt beim Erwachsenen bis zu 1 Liter/Tag.

4) Sie ist durch Nervenblockade hemmbar.

5) Sie ist mit erheblich gesteigerter Diurese verbunden.

Wählen Sie bitte die zutreffende Aussagenkombination.

A. Nur 2, 3 und 5 sind richtig

B. Nur 1, 2 und 4 sind richtig

C. Nur 2 und 3 sind richtig

D. Nur 3 ist richtig

E. Nur 2 ist richtig

6.36   6.9.1 (++)   Fragentyp B
6.37
____

Die thermische Behaglichkeitsempfindung bei einer
üblichen Klimabedingung geht in die in Liste 1 genannten Empfindungen über, wenn eine der in Liste 2
genannten Änderungen eintritt

Liste 1   Liste 2

6.36 Kühlempfindung   A. Windgeschwindigkeit nimmt zu.

6.37 Warmempfindung   B. Barometerstand sinkt infolge
                            Durchzug eines Tiefdruckge-
                            bietes ab.

                         C. Wandtemperatur steigt an,
                            Lufttemperatur fällt jedoch so
                            weit ab, daß die Wärmebilanz-
                            summe unverändert bleibt.

                         D. Relative Luftfeuchte nimmt zu.

                         E. Wandtemperatur nimmt ab, Luft-
                            temperatur steigt so weit an,
                            daß die Wärmebilanzsumme un-
                            verändert bleibt.

6.38   6.10.1 (+++)   Fragentyp D
                               6.10.3 (++)

Welche der folgenden Aussagen sind zutreffend? Ein Erwachsener in Badekleidung

1) muß, um seine Körpertemperatur bei einer Lufttemperatur von $0^{\circ}C$ annähernd konstant zu halten, seine Wärmebildung mindestens verdreifachen

2) fühlt sich bei einer Lufttemperatur von $28^{\circ}C$, relativen Feuchte 50 % thermisch behaglich, wenn er mittelschwere bis schwere Arbeit leistet

3) muß bei einer umgebenden Lufttemperatur von $0^{\circ}C$ damit rechnen, nach spätestens einer Stunde in den Zustand der Hypothermie zu geraten

4) kann bei Wassertemperaturen unter $15^{\circ}C$ nur wenige Stunden überleben, da er in Hypothermie gerät

5) kann durch längerdauernde Sonneneinstrahlung soviel Wärme aufnehmen, daß eine lebensbedrohliche Hyperthermie (Rectaltemperatur größer als $42^{\circ}C$) auftritt

Wählen Sie bitte die zutreffende Aussagenkombination.

A. Alle Aussagen sind richtig

B. Nur 1, 2, 3 und 4 sind richtig

C. Nur 2, 3, 4 und 5 sind richtig

D. Nur 1, 3, 4 und 5 sind richtig

E. Nur 1, 2, 3 und 5 sind richtig

6.39   6.10.1 (+++)   Fragentyp D

Welche der folgenden Aussagen sind zutreffend? Eine gesteuerte Hypothermie (künstlicher Winterschlaf)

1) wird eingeleitet durch eine Narkose, die eine Unterdrückung der Temperaturregelungsvorgänge gewährleistet

2) wird eingeleitet durch massiven äußeren Wärmeentzug, der fortgesetzt wird, bis Kältelähmung des zentralnervösen Regelungssystems eintritt

3) bewirkt eine Senkung des Sauerstoffbedarfs

4) erleichtert die Sauerstoffabgabe aus dem Hämoglobin

Wählen Sie bitte die zutreffende Aussagenkombination.

A. Nur 1 und 2 sind richtig

B. Nur 1 und 3 sind richtig

C. Nur 2 und 4 sind richtig

D. Nur 3 und 4 sind richtig

E. Alle Aussagen sind richtig

6.40	6.10.1 (+++)	Fragentyp D

Welche der folgenden Aussagen sind zutreffend? Eine
Steigerung der Rectaltemperatur auf 39°C

1) wird in der Regel als Fieber bezeichnet, wenn die
   Temperatur auch bei Bettruhe unter thermoindiffe-
   renten Bedingungen im Verlauf von 1 - 2 Stunden
   nicht absinkt

2) kann bei stärkerer körperlicher Arbeit auftreten

3) kann auftreten als Folge einer äußeren Behinderung
   der Wärmeabgabe (Hyperthermie durch passive Über-
   wärmung)

4) kann nach traumatischen Einwirkungen auf das ZNS
   auftreten

Wählen Sie bitte die zutreffende Aussagenkombination.

A. Alle Aussagen sind richtig

B. Nur 1 und 4 sind richtig

C. Nur 1 und 2 sind richtig

D. Nur 3 und 4 sind richtig

E. Keine Aussage ist richtig

6.41   6.10.2 (+++)   Fragentyp D

Ein Hitzekollaps ist gekennzeichnet durch

1) primäre Schädigung des Wärmezentrums

2) ausgebreitete Vasodilatation

3) Versagen des Herzens (Herzinsuffizienz)

4) Lähmung der Thermoreceptoren

5) orthostatische Blutverlagerung und Abfall des
   arteriellen Mitteldrucks

Wählen Sie bitte die zutreffende Aussagenkombination.

A. Alle Aussagen sind richtig

B. Nur 1, 2, 3 und 4 sind richtig

C. Nur 2 und 5 sind richtig

D. Nur 1 und 3 sind richtig

E. Nur 1 und 4 sind richtig

6.42   6.11.1 (+++)   Fragentyp A

Welche der folgenden Aussagen ist zutreffend? Fieber
ist eine Hyperthermie,

A. die auf einer Störung aller Wärmeabgabemechanismen
   beruht

B. die primär auf eine gesteigerte Wärmebildung zurück-
   geführt wird

C. die als Ausdruck einer Verstellung des Regelungs-
   niveaus ("Sollwertverstellung") angesehen wird

D. die durch Störung der Schweißsekretion bedingt ist

E. die auf einer Störung der Variabilität der peripheren Durchblutung beruht

6.43   6.11.2 (+++)   Fragentyp D

Welche der folgenden Aussagen sind zutreffend? Mit
einem Fieberanstieg sind folgende Vorgänge gekoppelt

1) Dilatation der Hautgefäße

2) Constriction der Hautgefäße

3) Erniedrigung des Grundumsatzes

4) gesteigerte Schweißsekretion

5) Verstellung des Sollwertes der Körpertemperatur

Wählen Sie bitte die zutreffende Aussagenkombination.

A. Nur 1 und 5 sind richtig

B. Nur 2 und 5 sind richtig

C. Nur 3 und 5 sind richtig

D. Nur 1 und 4 sind richtig

E. Nur 2 und 4 sind richtig

6.44   6.12.2 (+++)   Fragentyp A
____

Welche der folgenden Aussagen ist zutreffend? Hitze-
akklimatisation beim Menschen ist gekennzeichnet durch

A. Verminderung der Schweißsekretion bei Hitzebelastung

B. Verminderung des Trinkbedürfnisses bei Hitzebelastung

C. Verminderung des NaCl-Gehaltes des Schweißes

D. die Fähigkeit, die Harnproduktion bei Hitzebelastung einzustellen

E. das Vermögen, den Grundumsatz bei Hitzebelastung
   zu senken

6.45   6.12.3 (+)   Fragentyp D

Welche der folgenden Aussagen sind zutreffend? Bei Kälteakklimatisation eines Warmblüters

1) unterscheidet man zwischen metabolischer und hypothermer Form

2) kann es zur Ausbildung eines zusätzlichen Wärmebildungsmechanismus (zitterfreie Wärmebildung) kommen

3) werden die Warmreceptoren der Haut unerregbar

4) nimmt die Empfindlichkeit der Kaltreceptoren zu

5) bilden sich arterio-venöse Anastomosen in der Haut aus

Wählen Sie bitte die zutreffende Aussagenkombination.

A. Alle Aussagen sind richtig

B. Nur 1, 2, 3 und 4 sind richtig

C. Nur 1, 2 und 3 sind richtig

D. Nur 1 und 2 sind richtig

E. Nur 1 und 3 sind richtig

6.46   6.13.1 (+++)   Fragentyp D

Welche der folgenden Aussagen sind zutreffend? Das menschliche Neugeborene

1) ist poikilotherm

2) reagiert bei äußerer Abkühlung mit einer Senkung der Wärmebildung

3) hat im Vergleich zum Erwachsenen einen größeren Oberflächen-Volumen-Quotienten

4) muß pro Gewichtseinheit mehr Wärme bilden, wenn es bei gleichen thermischen Umgebungsbedingungen die gleiche Körperkerntemperatur wie der Erwachsene aufrecht erhält

5) ist nicht in der Lage, auf Kältereiz mit Constriction der Hautgefäße zu reagieren

Wählen Sie bitte die zutreffende Aussagenkombination.

A. Nur 1 und 2 sind richtig

B. Nur 1, 2 und 3 sind richtig

C. Nur 2 und 3 sind richtig

D. Nur 3 und 4 sind richtig

E. Nur 3, 4 und 5 sind richtig

6.47	6.13.2 (++)	Fragentyp C

Menschliche Neugeborene zeigen bei mäßiger Kältebelastung kein Kältezittern,

<u>weil</u>

infolge zitterfreier Wärmebildung die Temperatur an
den spinalen Thermoreceptoren, die das Kältezittern
bei Wärmeaktivierung hemmen, oberhalb der Zitterschwelle
gehalten wird.

Kapitel 7
Nierenfunktion Fragen 7.01–7.55 (M. Steinhausen)
Wasser- und Elektrolythaushalt Fragen 7.56–7.79 (R. Taugner)

7.01   7.2.1 (+++)   Fragentyp D

Aufgabe der Niere im Organismus ist die Erhaltung der

1) Isohydrie
2) Isovolämie
3) Isometrie
4) Isoionie
5) Isotonie
6) Isoelektrizität

Wählen Sie bitte die zutreffende Aussagenkombination.

A. Alle Angaben sind richtig
B. 4 und 5 ist richtig
C. 1 - 5 ist richtig
D. 1, 2, 4, 5 ist richtig
E. 1, 4, 5 ist richtig

7.02   7.2.1 (+++)   Fragentyp A

Unter Isovolämie versteht man die Konstanthaltung

A. der Gesamtblutmenge
B. des Hämatokrit
C. des Schlagvolumens
D. des Harnzeitvolumens
E. des Herzminutenvolumens

| 7.03 | 7.2.1 (+++) | Fragentyp A |

Unter Isohydrie versteht man die Konstanthaltung

A. des wäßrigen Anteiles des Blutes

B. des extracellulären pH

C. des hydrostatischen Druckes im Blut

D. der Ionenhydratation

E. der Wasserausscheidung der Niere

| 7.04 | 7.2.1 (+++) | Fragentyp A |

Zur Isoionie gehören unter anderem auch

A. identische Natriumkonzentrationen im Intra- und
   Extracellulärraum

B. gleichbleibende Natriumkonzentrationen im Extracellulärraum bei Wasseraufnahme

C. gleichbleibende Harnstoff-Konzentrationen im Extracellulärraum bei Wasseraufnahme

D. gleichbleibende Kaliumkonzentrationen im Intra-
   cellularraum bei Wasserbelastung

E. B und D sind richtig

7.05   7.2.1 (+++)   Fragentyp D

Die Konstanthaltung des Extracellulärvolumens bewirkt
die Niere durch

1) aktive Wassersekretion

2) aktiven Natriumtransport

3) Filtration

4) passive Wasserflüsse

5) Permeabilitätsänderungen von Zellmembranen

Wählen Sie bitte die zutreffende Aussagenkombination.

A. Alle Angaben sind richtig

B. 1 bis 3 ist richtig

C. 2 bis 4 ist richtig

D. 3 bis 5 ist richtig

E. 2 bis 5 ist richtig

7.06   7.2.2 (+++)   Fragentyp D

Für den renalen Filtrationsprozeß ist von ausschlag-
gebender Bedeutung

1) die Permeabilität (bzw. Porengröße) der Filtermembran

2) die hydrostatische Druckdifferenz zu beiden Seiten
   der Filtermembran

3) die Teilchengröße in der zu filtrierenden Lösung

4) der pH-Wert des Blutes

5) die Ionenspezifität der Filtermembranen

Wählen Sie bitte die zutreffende Aussagenkombination.

A. Alle Angaben sind richtig

B. 1 bis 4 ist richtig

C. 1 bis 3 und 5 ist richtig

D. 1 bis 3 ist richtig

E. 1 und 3 ist richtig

7.07   7.3.1 (+)   Fragentyp C

Im Endharn findet sich in der Regel etwa 10 mal so viel
Kalium wie im Plasma,

<u>weil</u>

die intracelluläre Kaliumkonzentration die intracelluläre Natriumkonzentration wesentlich übersteigt.

7.08   7.3.2 (++)   Fragentyp A

Die Harnmenge eines gesunden Erwachsenen (70 kg)
schwankt normalerweise zwischen

A. 0,1 bis 0,5 Liter pro Tag

B. 0,5 bis 2,5 Liter pro Tag

C. 2,5 bis 6,0 Liter pro Tag

D. 3,0 bis 12,0 Liter pro Tag

E. Kein Wert ist richtig

7.09   7.3.2 (++)   Fragentyp D

Das spezifische Gewicht des Harn beträgt beim gesunden Erwachsenen

1) bei gemischter Kost ca. 1,010 bis 1,025 (= 300 -
   900 mosm/l)

2) nach 18 Stunden Durst ca. 1,028 bis 1,030

3) nach 18 Stunden Durst ca. 1,010 bis 1,011

4) nach Flüssigkeitsbelastung ca. 1,028 bis 1,030

5) hat den gleichen Wert wie aqua dest. 1,000
   (= 0 mosm/l)

Wählen Sie bitte die zutreffende Aussagenkombination.

A. Alle Angaben sind falsch

B. 5 ist richtig

C. 1 und 2 ist richtig

D. 1 und 3 ist richtig

E. 1 und 4 ist richtig

7.10   7.3.3 (+)   Fragentyp C

Der Harn ist beim Gesunden nahezu zuckerfrei,

<u>weil</u>

Glucose praktisch nicht glomerulär filtriert wird.

7.11   7.3.3 (+)   Fragentyp C

Beim Gesunden finden sich im Harn nur etwa 30 mg/l
Eiweiß,

<u>weil</u>

das glomeruläre Filter für Plasma-Eiweiß sehr schlecht
permeabel ist und der größte Teil des filtrierten
Eiweiß tubulär reabsorbiert wird.

7.12   7.3.5 (+++)   Fragentyp C

Die Clearance jedes Stoffes, dessen Konzentration in
Harn und Plasma meßbar ist, kann berechnet werden,

<u>weil</u>

die Clearance das Verhältnis der Harn- und Plasmakonzentrationen eines Stoffes darstellt.

7.13   7.3.5 (+++)   Fragentyp C

Aus der im Harn in einer bestimmten Zeit ausgeschiedenen Menge eines Stoffes und seiner Plasmakonzentration kann die Clearance eines Stoffes berechnet
werden,

<u>weil</u>

definitionsgemäß die Clearance eines Stoffes den Quotienten aus in der Zeiteinheit ausgeschiedener Stoff-
menge und dessen Plasmakonzentration darstellt.

7.14	7.3.5 (+++)	Fragentyp A

Clearance-Größen haben die Dimension

A. ml

B. mg%

C. ml/min

D. mg/min

E. mval

7.15	7.3.5 (+++)	Fragentyp A

Bei einem Plasma-Inulin-Spiegel von 10 mg% und einer
im Harn ausgeschiedenen Menge von 0,1 g Inulin in
10 min beträgt die Clearance von Inulin

A. 140 ml/min

B. 120 ml/min

C. 100 ml/min

D. 80 ml/min

E. 60 ml/min

7.16	7.3.6 (+++)	Fragentyp A

Die Clearance welcher der folgenden Substanzen kann den
größten Wert erreichen?

A. Paraaminohippursäure

B. Inulin

C. Mannit

D. Glucose

E. Harnstoff

7.17   7.3.6 (+++)   Fragentyp A
____

Die Clearance von PAH kann benutzt werden als ein Maß für

A. die glomeruläre Filtrationsrate

B. die tubuläre Rückresorption

C. den effektiven renalen Plasmafluß

D. die Diurese

E. den intratubulären Druck

7.18   7.3.6 (+++)   Fragentyp A
____

Das Verhältnis der im Harn ausgeschiedenen Inulinmenge
zur Plasma-Inulinkonzentration ist

A. linear

B. umgekehrt proportional

C. logarithmisch

D. nicht linear

E. zeigt ein Transportmaximum

7.19   7.3.6 (+++)   Fragentyp A
____

Im Urin kann (im Verhältnis zum Plasma) am stärksten
konzentriert vorliegen:

A. Inulin

B. Harnstoff

C. Paraaminohippursäure (PAH)

D. Kalium

E. Natrium

7.20   7.3.7 (++)   Fragentyp A
____

Paraaminohippursäure eignet sich deshalb besonders gut
zur Bestimmung des renalen Plasmaflusses, weil

A. das Nierenvenenblut unterhalb des Tm-PAH praktisch
   PAH-frei ist

B. alles filtrierte PAH tubulär rückresorbiert wird

C. PAH nicht ultrafiltrabel ist

D. die PAH-Sekretion praktisch nicht erschöpfbar ist

E. PAH tubulär nicht behandelt wird

7.21	7.4.1 (+++)	Fragentyp D

Im Autoregulationsbereich (Blutdruckschwankungen
zwischen ca. 100 und 180 mm Hg)

1) nimmt die Nierendurchblutung mit steigendem Blutdruck zu

2) nimmt der renale Gefäßwiderstand mit steigendem
Blutdruck zu

3) bleibt die Nierendurchblutung bei steigendem Blutdruck konstant

4) fällt die glomeruläre Filtrationsrate bei steigendem
Blutdruck ab

5) bleibt der Gefäßwiderstand bei steigendem Blutdruck konstant

Wählen Sie bitte die zutreffende Aussagenkombination.

A. Alle Aussagen sind falsch

B. Aussage 1 bis 4 ist richtig

C. Nur Aussage 3 ist richtig

D. Aussage 2 bis 4 ist richtig

E. Aussage 2 und 3 ist richtig

7.22	7.4.2 (++)	Fragentyp B
7.23		
7.24		
7.25		
7.26		

Es sind den Angaben der <u>Liste 1</u> die richtigen Werte (Durchschnittswerte des gesunden Erwachsenen für beide Nieren) der Liste 2 zuzuordnen:

<u>Liste 1</u>

<u>Liste 2</u>

7.22 Nierendurchblutung	A.	600 ml/min
7.23 Glomeruläre Filtrationsrate	B.	120 ml/min
7.24 Renaler Plasmafluß	C.	1200 ml/min
7.25 Harnminutenvolumen	D.	1 ml/min
7.26 Inulin-Clearance	E.	10 ml/min

7.27	7.4.3 (+)	Fragentyp C

Die Nierenmarkdurchblutung ist größer als die Durchblutung der Rinde,

<u>weil</u>

die Blutgefäße des Nierenmarkes wesentlich länger als die Rindengefäße sind.

7.28	7.4.4 (++)	Fragentyp C

Der Sauerstoffverbrauch der Niere ist weitgehend mit dem Natriumtransport korreliert,

<u>weil</u>

die tubulär secernierte Natriumchloridmenge alle anderen Elektrolyte bei weitem übersteigt.

7.29	7.5.1 (+++)	Fragentyp C

Die Clearance von Inulin ist ein Maß für die glomeruläre Filtrationsrate (GFR),

<u>weil</u>

Inulin nicht nur gut filtriert sondern auch stark
tubulär secerniert wird.

7.30	7.5.2 (++)	Fragentyp A

Bei welchen Molekulargewichten ist die molekulare
Siebung im Glomerulumfilter schon so groß, daß nur noch
rund 1 % der Plasmakonzentration <u>im Filtrat</u> gefunden
wird?

A. 120 000

B. 70 000

C. 30 000

D. 15 000

E.   5 000

7.31	7.6.1 (+++)	Fragentyp D
	7.6.2 (++)	

Bei aktiven Transportprozessen

1) erfolgen die Substanztransporte entgegen einem
   elektrochemischen Gradienten

2) ist in der Regel der Substanztransport durch Stoffwechselgifte hemmbar

3) erfolgen die Substanztransporte durch Diffusion

4) erfolgen die Substanztransporte unter Energiever-
   brauch

5) erfolgen die Substanztransporte durch osmotische
   Kräfte

Wählen Sie bitte die zutreffende Aussagenkombination.

A. Alle Angaben sind richtig

B. Nur Angabe 1 ist richtig

C. Nur Angabe 1 und 2 ist richtig

D. Nur Angabe 1, 2 und 4 ist richtig

E. Nur Angabe 2 und 4 ist richtig

7.32	7.6.4 (++) 7.7.5 (+++) 7.7.6	Fragentyp D

Glucose

1) wird im proximalen Convolut reabsorbiert

2) wird normalerweise bei Plasmakonzentrationen über 180 mg% im Harn ausgeschieden

3) zeigt bei ihrem tubulären Transport eine Sättigungskinetik

4) wird nach Phlorizinvergiftung vermehrt im Harn ausgeschieden

5) kann auch beim Gesunden nach extremer (alimentärer) Glucosebelastung im Harn auftreten

Wählen Sie bitte die zutreffende Aussagenkombination.

A. Alle Angaben sind richtig

B. Nur Angabe 1 und 2 ist richtig

C. Nur Angabe 1, 2 und 3 ist richtig

D. Nur Angabe 1, 2, 4 und 5 ist richtig

E. Nur Angabe 1, 2 und 4 ist richtig

7.33 7.34 7.35 7.36 7.37 7.38	7.7.1 (++) 7.7.7 (+) 7.12.1 (+)	Fragentyp B

Den nachfolgenden Funktionen bzw. Befunden der <u>Liste 1</u> ist der hierfür typische Nephronabschnitt der <u>Liste 2</u> zuzuordnen:

<u>Liste 1</u>	<u>Liste 2</u>
7.33 Größte Natrium-Nettoresorption	A. Proximales Convolut
7.34 Niedrigste osmolare Konzentration	B. Henlesche Schleife
7.35 Glucoseresorption	C. Beginn des distalen Convolutes
7.36 Höchste Konzentration von Inulin	D. Gesamtlänge des distalen Convolutes
	E. Sammelrohr

7.37 Multipikation eines
     Einzelkonzentrier-
     effektes

7.38 Aminosäurenresorption

7.39	7.7.2 (+++)	Fragentyp A

Ein TF/P-Inulin (TF = Konzentration in Tubulusflüssig-
keit, P = Konzentration im Plasma) von 10 bedeutet
eine tubuläre Reabsorption des glomerulären Filtrates
von

A.   10 %

B.   25 %

C.   50 %

D.   90 %

E. 100 %

7.40	7.7.2 (+++)	Fragentyp A

Ein TF/P-Inulin bzw. U/P-Inulin von 10 kann unter
antidiuretischen Bedingungen auftreten

A. im Anfang des proximalen Convolutes

B. am Ende des proximalen Convolutes

C. im distalen Convolut

D. im Sammelrohrsystem

E. im Endharn

7.41	7.7.2 (+++)	Fragentyp A

Unter glomerulär-tubulärer Balance versteht man

A. die Konstanz der Filtration bei arteriellen Druckschwankungen

B. das Produkt aus glomerulärer Filtration und tubulärer Sekretion

C. den Quotienten aus tubulärer Sekretion und Reab-
scrption

D. die Anpassung der tubulären Reabsorption an veränderte Filtrationsraten und umgekehrt

E. das Gleichgewicht zwischen kolloid-osmotischem
Druck und Filtrationsdruck

7.42	7.7.3 (+++)	Fragentyp C

Antidiuretisches Hormon (ADH) erhöht das Harnzeitvolumen,

weil

ADH die Wasserpermeabilität im distalen Convolut und
im Sammelrohr erhöht.

7.43	7.7.4 (+)	Fragentyp C

Beim Diabetes insipidus ist das Harnzeitvolumen erniedrigt,

weil

durch ADH-Mangel die Wasserpermeabilität im distalen
Convolut und im Sammelrohr erniedrigt ist.

7.44	7.7.8 (++)	Fragentyp C

Die Clearance von Harnstoff ist kleiner als die Inulin-
Clearance,

weil

Harnstoff aktiv tubulär reabsorbiert wird.

7.45   7.7.10 (+++)   Fragentyp A

Aldosteron

A. steigert die distale Wasserpermeabilität
B. senkt den glomerulären Filtrationsdruck
C. erniedrigt die proximale Natriumresorption
D. erhöht die proximale Natriumresorption
E. erniedrigt die proximale Wasserresorption

7.46   7.7.11 (++)   Fragentyp A

Das U/P-Kalium liegt beim Gesunden gewöhnlich welchem
Wert am nächsten?

A. 100
B. 10
C.   1
D.   0,1
E.   0,01

7.47   7.7.12 (++)   Fragentyp A

Die proximale Phosphatresorption wird durch

A. Adiuretin gesteigert
B. Angiotensin vermehrt
C. Parathormon vermindert
D. Aldosteron vermindert
E. Renin erhöht

7.48	7.8.1 (++)	Fragentyp A

Die renale Penicillinausscheidung kann durch intravenöse PAH (Paraaminohippursäure)-Gaben gesenkt werden,
weil

A. PAH die Penicillinrückresorption bremst

B. PAH eine kompetitive Hemmung der Penicillinsekretion
   bewirkt

C. PAH die Harnkonzentrierung hemmt

D. PAH Penicillin von der glomerulären Filtermembran
   verdrängt

E. PAH die Permeabilität des distalen Tubulus für
   Penicillin erhöht.

7.49	7.8.2 (++)	Fragentyp C

Ammoniumionen werden im sauren Harn vermehrt ausgeschieden,

weil

in den Tubuluszellen unter der Wirkung von Glutaminase
Ammoniak gebildet werd, welches im sauren Harn zu NH_4^+
umgewandelt wird.

7.50	7.8.3 (++)	Fragentyp C

Im Tubulussystem können H^+-Ionen bevorzugt secerniert
werden,

weil

der hohe Carboanhydrasegehalt der Tubuluszellen eine
rasche Hydratisierung von Kohlendioxyd bewirkt.

7.51	7.9.1 (++)	Fragentyp A
	7.9.2 (++)	

Bei der Kompensation einer metabolischen Alkalose

A. wird praktisch alles tubulär secernierte HCO_3^-
   reabsorbiert

B. wird praktisch alles glomerulär filtierte HCO_3^-
   ausgeschieden

C. wird praktisch kein HCO_3^- glomerulär filtriert

D. wird praktisch alles glomerulär filtrierte HCO_3^-
   tubulär reabsorbiert

E. wird praktisch kein HCO_3^- ausgeschieden

| 7.52 | 7.9.3 (+) | Fragentyp C |

Hemmung der Carboanhydrase bewirkt eine Antidiurese,

<u>weil</u>

unter Carboanhydrasemangel die Bicarbonatresorption
vermindert ist.

| 7.53 | 7.10.1 (+++) | Fragentyp C |

Durch intravenöse Zuckerinfusion läßt sich eine osmotische Diurese auslösen,

<u>weil</u>

durch die vermehrte Energiebereitstellung mehr Wasser
secerniert werden kann.

7.54	7.11.1 (++)	Fragentyp D
	7.11.2 (++)	
	7.11.3 (++)	

Folgende Angaben werden gemacht:

1) Angiotensin wirkt vasoconstrictorisch.

2) Angiotensin wird aus Angiotensinogen, welches in der Leber produziert wird, durch Renin freigesetzt.

3) Renin wird bei renaler Minderdurchblutung in der Niere freigesetzt.

4) Hypernatriämie führt zu Reninfreisetzung.

5) Converting Enzyme setzt aus Angiotensin I die wirksame Form Angiotensin II frei.

Wählen Sie bitte die zutreffende Aussagenkombination.

A. Alle Angaben sind falsch

B. Alle Angaben sind richtig

C. Nur Angabe 1 und 2 ist richtig

D. Nur Angabe 1, 2 und 5 ist richtig

E. Nur Angabe 1, 2, 3 und 5 ist richtig

| 7.55 | 7.12.1 (+) | vgl. Frage 7.3.7 |
| | 7.12.2 (++) | Fragentyp A |

Im Nierenmark

A. nimmt die osmolare Konzentration zur Papillenspitze hin ab

B. nimmt die osmolare Konzentration zur Papillenspitze hin zu

C. bestehen entlang der Papillenachse keine osmotischen Gradienten

D. ist der elektrolyt-osmotische Druck gleich dem kolloidosmotischen Druck

E. steigt nur der kolloidosmotische Druck zur Papillenspitze hin an

7.56   7.14.1 (+++)   Fragentyp A

Das gesamte Körperwasser verteilt sich auf die drei
Fraktionen: Plasmawasser, interstitielles Wasser und
Zellwasser etwa im Verhältnis von

A. 1 : 1 : 5

B. 1 : 1,5 : 3

C. 2 : 1 : 6

D. 1 : 3 : 9

E. Keine dieser Angaben trifft die richtige Größen-
ordnung

7.57   7.14.2 (++)   Fragentyp B
7.58
7.59

Ordnen Sie bitte den in Liste 1 aufgeführten Substanzen
diejenigen Volumina aus Liste 2 zu, die mit ihnen
direkt bestimmt werden können.

    Liste 1   Liste 2

7.57 Inulin   A. Plasmavolumen

7.58 Evans blue   B. Blutvolumen

7.59 Tritium-markiertes Wasser   C. ECF

                                        D. ICF

                                        E. Gesamt-Körper-Wasser

7.60   7.14.3 (++)   Fragentyp C

Getrunkenes Wasser vergrößert nach der Resorption so
gut wie ausschließlich das extracelluläre Volumen,

weil

die Zellmembranen wasserundurchlässig sind.

7.61	7.14.4 (+++)	Fragentyp C

Die ionale Zusammensetzung von Plasma und interstitieller Flüssigkeit ist praktisch gleich,

<u>weil</u>

Ionenpumpen in der Capillarwand fortlaufend für den Konzentrationsausgleich sorgen.

7.62	7.14.4 (+++)	Fragentyp C

Die Plasmaeiweiße sind für die Wasserverteilung zwischen Plasma und Interstitium wesentlich wichtiger als Kochsalz,

<u>weil</u>

das Plasma 7 % Eiweiß und nur rund 0,9 % Kochsalz enthält.

7.63	7.14.4 (+++)	Fragentyp D

Unter effektivem Filtrationsdruck versteht man

1) den hydrostatischen Druck in den Capillarschlingen des Glomerulums
2) die Differenz der hydrostatischen Drücke innerhalb und außerhalb der Glomerulumcapillaren
3) die Differenz zwischen dem transmuralen Druck und dem Unterschied der kolloidosmotischen Drücke innerhalb und außerhalb der Capillare
4) jenen Punkt, an dem im Verlauf einer Capillarschlinge der kolloidosmotische Druck am höchsten ist

Wählen Sie bitte die zutreffende Aussagenkombination.

A. Nur 1, 2 und 4 sind richtig

B. Nur 1 und 3 sind richtig

C. Nur 2 und 4 sind richtig

D. Nur 1 ist richtig

E. Nur 3 ist richtig

7.64   7.14.5 (++)   Fragentyp C

Die intracelluläre Osmolarität ist um den Faktor 2
größer als die extracelluläre,

weil

die Kaliumpumpe der Zellmembranen Kaliumionen aktiv
zelleinwärts pumpt.

7.65   7.14.5 (++)   Fragentyp C

Isotonische Kochsalzlösung vergrößert nach der Infusion
selektiv den Intracellulärraum,

weil

das extracelluläre Kochsalz durch die Nieren ausgeschieden werden kann.

7.66   7.14.6 (+++)   Fragentyp C

Bei künstlicher Ernährung eines Schwerkranken braucht
das endogene Oxidationswasser in der Wasserbilanz nicht
berücksichtigt zu werden,

weil

die Menge des endogenen Oxidationswassers im Vergleich
zu der im Stuhl ausgeschiedenen Wassermenge verschwin-
dend gering ist.

7.67	7.14.6 (+++)	Fragentyp B
7.68		
7.69		
7.70		

In Liste 1 sind die wesentlichen Wege der Wasseraufnahme und Wasserabgabe angegeben, als durchschnitt-
liches Beispiel verschiedene Volumina (in ml/Tag).
Ordnen Sie bitte den in Liste 1 aufgeführten Vorgängen
(es handelt sich um Werte für den Erwachsenen) jeweils
das passende Volumen A - E aus Liste 2 zu.

<u>Liste 1</u>

7.67 Wasseraufnahme durch Nahrung
     und Trinken

7.68 Oxidationswasser

7.69 Wasserabgabe mit dem Stuhl

7.70 Wasserabgabe mit dem Urin

<u>Liste 2</u>

A. 100

B. 1000

C. 250

D. 1750

E. 3000

7.71	7.15.1 (++)	Fragentyp A

Bei den intracellulären Anionen stehen mengenmäßig an
erster Stelle

A. Phosphat und Proteinat

B. Kalium und Magnesium

C. Natrium, Kalium und Calcium

D. Chlorid und Bicarbonat

E. Sulfat und Phosphat

7.72	7.15.3 (++)	Fragentyp A

Aldosteron beeinflußt (direkt oder indirekt)

A. die renale Na^+-Resorption

B. die K^+-Sekretion

C. die H^+-Sekretion

D. das extracelluläre Volumen

E. alle aufgezählten Größen

7.73	7.15.3 (++)	Fragentyp A

Die Aldosteron-Ausschüttung steht unter dem Einfluß

A. des Plasma-Natriums

B. des Renin-Angiotensin-Systems

C. von ACTH

D. des extracellulären Volumens

E. von A, B, C und D

7.74	7.15.3 (++)	Fragentyp A

Durch welches der folgenden Hormone wird die Ca-Ionen-
konzentration der Extracellulärflüssigkeit (ECF) erhöht?

A. Calcitonin

B. Parathormon

C. Secretin

D. Aldosteron

E. Adiuretin

7.75	7.16.1 (+++)	Fragentyp A

Die Adiuretin-Ausschüttung steht unter dem direkten
Einfluß

A. der Urin-Osmolarität (interstitielle Zellen)

B. der Plasma-Osmolarität (hypothalamische Osmoreceptoren)

C. des Renin-Angiotensin-Aldosteron-Systems

D. von ACTH (Hypophysenvorderlappen)

E. von A, B, C und D

7.76	7.16.2 (+++)	Fragentyp A

Die Stillung des Durstgefühls erfolgt durch

A. die Korrektur der (in einem hypothalamischen Zentrum) durstauslösenden Dehydrierung

B. die Dehnung des oberen Magen-Darm-Kanals

C. den wiederholten Schluckakt

D. die Befeuchtung von Mund und Rachen

E. A, B, C und D

7.77	7.16.3 (++)	Fragentyp C

Bei Erhöhung des zentralen Blutvolumens wird das Harnvolumen vermehrt,

weil

es dabei über die Volumenreceptoren im linken Vorhof zu einer Abnahme der Aldosteronausschüttung bei gleichzeitiger Zunahme der Adiuretinsekretion kommt.

7.78	7.16.4 (++)	Fragentyp C

Bei Zufuhr einer hypotonen Kochsalzlösung nimmt das intracelluläre Flüssigkeitsvolumen ab,

weil

Natrium und Chlorid sich im wesentlichen extracellulär verteilen.

7.79	7.16.4 (++)	Fragentyp C

Blutverlust reduziert nur das Blutvolumen, jedoch nicht das interstitielle Flüssigkeitsvolumen,

weil

Blutplasma und interstitielle Flüssigkeit isoosmotische und isoonkotische Flüssigkeiten sind.

Kapitel 8
Hormonale Regulationen (K. Brück)

Bei welchem der folgenden Hormone wird die Sekretionsrate über Hormonreceptoren im Sinne einer negativen
Rückkopplung beeinflußt?

A. Parathormon

B. Adrenalin

C. Adiuretin

D. Aldosteron

E. Cortisol

Welche der folgenden Aussagen charakterisieren die
Wirkungsweise und die biologische Funktion von Hormonen?

1) Hormone gelangen meist auf dem Blutweg zu dem
   Wirkort (Effectorsystem).

2) Hormone entfalten ihre Wirkung an Zellmembranen
   und Enzymsystemen.

3) Die Hormonwirkung beruht auf der Enzymeigenschaft
   der Hormone.

4) Hormone können "Stellglieder" oder "Regelgrößen" in
   biologischen Regelkreisen sein.

5) Hormone gehören zur Stoffklasse der Proteine.

6) Die Latenzzeit zwischen Sekretion und erkennbarem
   Wirkungseintritt kann je nach Hormon Minuten,
   Stunden, Tage dauern.

Wählen Sie bitte die zutreffende Aussagenkombination.

A. Alle Aussagen sind richtig

B. Nur 1, 2, 3, 4 und 5 sind richtig

C. Nur 1, 2, 3, 4 und 6 sind richtig

D. Nur 1, 2, 4 und 6 sind richtig

E. Nur 1, 3 und 4 sind richtig

8.03	8.1.1 (++)	Fragentyp D

Welche der folgenden Kriterien müssen erfüllt sein,
wenn ein Stoff zu den Hormonen gerechnet werden soll?

1) Wasserlöslichkeit

2) Hohe Enzymaktivität

3) Bildung in speziellen Zellgruppen

4) Transport auf dem Blutweg (von einigen Ausnahmen
   abgesehen)

5) Der Stoff muß vom Organismus ausgeschieden und/oder
   abgebaut ("entwertet") werden können.

Wählen Sie bitte die zutreffende Aussagenkombination.

A. Alle Aussagen sind richtig

B. Nur 2, 3, 4 und 5 sind richtig

C. Nur 3, 4 und 5 sind richtig

D. Nur 4 und 5 sind richtig

E. Nur 1 und 2 sind richtig

8.04	8.1.2 (+++)	Fragentyp D

Das Pfortadersystem der Hypophyse verknüpft das Zentralnervensystem mit dem endokrinen System, denn es
leitet

1) das im Nucleus paraventricularis gebildete Adiuretin
   (Neurosekretion) in die Neurohypophyse

2) die im N. supraopticus gebildeten Releasing-Hormone
   in die Adenohypophyse

3) die gonadotropen Hormone zu speziellen Zellen des
   hypothalamischen Sexualzentrums

4) das adrenocorticotrope Hormon in das limbische
   System

5) die in Nervenzellen der hypophysiotropen Zone des
   Hypothalamus gebildeten Releasing-Hormone zu den
   Bildungszellen der tropen Hormone der Adenohypo-
   physe

Wählen Sie bitte die zutreffende Aussagenkombination.

A. Nur 1 und 5 sind richtig

B. Nur 2 und 5 sind richtig

C. Nur 2 ist richtig

D. Nur 5 ist richtig

E. Alle Aussagen sind falsch

8.05   8.1.2 (+++)   Fragentyp A

Welche der folgenden Aussagen trifft zu? Als Releasing-Hormone

A. werden die Hormone der Adenohypophyse bezeichnet

B. werden die Hormone der Neurohypophyse bezeichnet

C. wirken bestimmte Steroide, die in Zellen des Hypothalamus gebildet werden

D. werden gewisse Polypeptide angesehen, die auf dem Weg über das "Pfortadersystem" der Hypophyse in den Hypophysenhinterlappen geleitet werden

E. werden Stoffe bezeichnet, die die Sekretion der tropen Hormone der Adenohypophyse steuern

---

8.06   8.2.1 (+++)   Fragentyp C

Drei Hormone der Hypophyse gehören zu den "effectorischen Hormonen" des Menschen,

<u>weil</u>

ihre Wirkung über die efferenten Fasern der neurosekretorischen Zellen des N. supraopticus und paraventricularis vermittelt wird.

8.07   8.2.2 (+++)   Fragentyp C

Nach Zerstörung der Nuclei paraventricularis und supraopticus ist die Diurese gesteigert bei verminderter Osmolalität des Harns,

<u>weil</u>

die Sekretion der sog. Hypophysenhinterlappenhormone über die in oben genannten Kernen gebildeten Releasing-Hormone gesteuert wird.

8.08	8.2.3 (++)	Fragentyp A

Welche der folgenden Aussagen trifft zu? Ocytocin

A. wird in der Adenohypophyse gebildet

B. wirkt stimulierend auf die glatte Muskulatur mit Ausnahme des graviden Uterus

C. stellt ein Glied in dem nerval-hormonalen Milch-ejektions-Reflexbogen dar

D. hat eine Latenzzeit von mehreren Tagen

E. ist für die Höhe des Blutzuckerspiegels verant-wortlich

8.09	8.2.4 (+++) 8.2.5 (+) 8.2.6 (+)	Fragentyp D

Welche der folgenden Aussagen treffen zu? Das Wachs-tumshormon

1) ist abhängig (wird gesteuert) von einem Releasing-Hormon

2) ist im Gegensatz zu anderen Hormonen nicht artun-spezifisch

3) kann das Längenwachstum nicht beeinflussen, wenn die Epiphysenfugen bereits verknöchert sind

4) bewirkt im Erwachsenenalter nur eine Vergrößerung der "Akren" (Akromegalie)

5) bewirkt eine Steigerung des Blutzuckerspiegels

Wählen Sie bitte die zutreffende Aussagenkombination.

A. Alle Aussagen sind richtig

B. Keine Aussage ist richtig

C. Nur 1 ist richtig

D. Nur 2 ist richtig

E. Nur 3 ist richtig

8.10	8.2.1 (+++) 8.2.4 (+++)	Fragentyp A

Welche der folgenden Aussagen trifft zu? Nach iso-lierter Entfernung der Adenohypophyse kommt es zu

A. Steigerung des Grundumsatzes

B. Wachstumsstörung (beim Jugendlichen Organismus)

C. Diabetes insipidus

D. Senkung des Blut-Ca-Spiegels

E. Akromegalie

8.11   8.3.1 (+++)   Fragentyp B
8.12
8.13

Welche der in Liste 2 genannten Wirkungen sind den in
Liste 1 aufgeführten glandotropen Hormonen zuzu-
schreiben?

Liste 1   Liste 2

8.11 Gonadotrope Hormone   A. Bildung und Sekretion von
                               Mineralocorticoiden, so-
8.12 TSH (= Thyreoidea-   wie Verminderung des
     stimulierendes Hor-   Leberglykogengehaltes
     mon)
                            B. Stimulierung der Oestrogen-
8.13 ACTH (= Adreno-   und Progesteronsekretion
     corticotropes
     Hormon)   C. Wachstum der Zona fasci-
                               culata der Nebennieren-
                               rinde, Steigerung der
                               Glucocorticoidsekretion

                            D. Steigerung der Jod-Aufnahme
                               der Schilddrüse

                            E. Sekretionssteigerung des
                               Hormons der Nebenschild-
                               drüse

8.14   8.4.1 (+++)   Fragentyp A

Durch welches der folgenden Hormone wird die Produktion
und Sekretion der Schilddrüsenhormone gesteuert?

A. Thyreotropes Hormon (TSH)

B. Thyreocalcitonin

C. Thyreoglobulin

D. Tyrosin

E. Keinen der genannten Stoffe

8.15   8.4.1 (+++)   Fragentyp C

Die Sekretionsrate des thyreotropen Hormons (TSH) und
des Thyreotropin-Releasing-Hormons (TRH) wird durch
Anstieg des Thyroxinspiegels gehemmt,

weil

Thyroxin die Wärmereceptoren der Regio praeoptica erregt, die ihrerseits die TRH- und TSH-Produktion über
den Tractus hypothalamohypophyseus kontrollieren.

8.16   8.4.2 (+++)   Fragentyp A

Welche der folgenden Aussagen trifft zu? Die calorigene
Wirkung (= Steigerung des Energieumsatzes) der Schilddrüsenhormone

A. beruht in physiologischen Dosen nicht auf einer
   Entkopplung der oxidativen Phosphorylierung

B. setzt unmittelbar nach Erhöhung der Hormonkon-
   zentration im Plasma ein

C. betrifft beim Erwachsenen gleichmäßig alle Organe

D. beruht auf einer selektiven Steigerung des anaeroben
   Kohlenhydratabbaues

E. beruht auf einer Gluconeogenese

8.17   8.4.3 (++)   Fragentyp A

Welche der folgenden Wirkungen ist nicht auf eine gesteigerte Schilddrüsenaktivität rückführbar?

A. Positive Stickstoff-Bilanz (Stickstoff-Überbilanz)

B. Erhöhte Empfindlichkeit auf Catecholamine

C. Tachykardie

D. Neigung zu Schweißsekretion

E. Erhöhte Erregbarkeit des Zentralnervensystems

8.18   8.4.4 (++)   Fragentyp C

Bei Jodmangel in der Nahrung tritt Kropfbildung auf,

<u>weil</u>

Jod zum Aufbau des Thyreotropin-Releasing-Hormons (TRH)
benötigt wird.

| 8.19 | 8.4.6 (+) | Fragentyp A |

Welche der folgenden Erscheinungen gehört nicht zu den
möglichen Symptomen der Hypothyreose?

A. Senkung des Grundumsatzes um 10 - 15 %

B. Senkung des proteingebundenen Jods (PBI)

C. Zwergwuchs

D. Verminderte geistige und körperliche Aktivität

E. Pubertas praecox (= vorzeitige Geschlechtsreife)

| 8.20 | 8.5.1 (++) | Fragentyp A |

Nach Entfernung der Epithelkörperchen (Nebenschild-
drüsen) kommt es zu welcher der folgenden Erscheinungen?

A. Senkung des Grundumsatzes

B. Diabetes insipidus

C. Tetanie

D. Anstieg des Blut-Ca-Spiegels

E. Steigerung der Phosphat-Clearance

| 8.21 | 8.5.1 (++) | Fragentyp A |

Welche der folgenden Aussagen ist zutreffend?
Calcitonin

A. ist ein in der Schilddrüse gebildeter Synergist des
   Parathormons

B. ist ein Antagonist des Parathormons hinsichtlich der
   Wirkung auf den Ca-Spiegel des Plasmas

C. wird in den Epithelkörperchen gebildet

D. steigert den Glucose-Spiegel des Plasmas

E. senkt die Phosphat-Clearance

8.22   8.6.1 (+++)   Fragentyp D

Der Blutglucosespiegel

1) beträgt normalerweise 80 - 100 mg/100 ml Blut im
   Nüchternzustand

2) senkt über Glucosereceptoren des Hypothalamus die
   Insulinsekretionsrate

3) steigt bei Insulinmangel an, da Insulin den Glucose-
   transport durch die Zellmembranen begünstigt

4) sinkt bei Insulinmangel ab, da Insulin eine glyko-
   genolytische Wirkung hat

5) übersteigt beim Gesunden kaum jemals 100 mg/100 ml
   Blut

Wählen Sie bitte die zutreffende Aussagenkombination.

A. Nur 1, 2 und 3 sind richtig

B. Nur 2, 3 und 5 sind richtig

C. Nur 1 und 2 sind richtig

D. Nur 1 und 3 sind richtig

E. Nur 1 ist richtig

8.23   8.6.3 (++)   Fragentyp C

Nach Ausfall der acidophilen Zellen der Adenohypophyse
besteht eine erhöhte Insulinempfindlichkeit (Gefahr
des hypoglykämischen Schocks bei längerem Fasten),

weil

ACTH über die Glucocorticoide eine gluconeogenetische
Wirkung hat.

8.24   8.6.6 (++)   Fragentyp D
                        8.6.2 (++)
                        8.6.5 (+)

Steigerung des Blutglucosespiegels auf über 180 -
200 mg/100 ml Blut

1) führt wegen Überschreitung des tubulären Maximums
   für Glucose zur Glucosurie

2) kann auf mangelhafter Insulinsekretion beruhen

3) kann durch eine Adrenalininjektion hervorgerufen
   werden

4) kann durch Glucagonininjektion hervorgerufen werden

5) kommt bei verstärkter Sekretion des Wachstumshormons
   vor

6) kann durch verstärkte Glucocorticoidsekretion bedingt sein

Wählen Sie bitte die zutreffende Aussagenkombination.

A. Nur 2 ist richtig

B. Nur 1 und 2 sind richtig

C. Alle Aussagen sind richtig

D. Nur 1, 2, 3 und 6 sind richtig

E. Keine Aussage ist richtig

8.25 8.26	8.7.1 (+++)	Fragentyp B

Jeweils eine der in Liste 2 aufgeführten Aussagen
trifft für die in Liste 1 genannten Hormone <u>nicht</u> oder
weit weniger gut als für das jeweils andere Hormon zu
(Voraussetzung: Verabfolgung der Hormone in physiologischer Dosis bei gesunden Menschen).

Liste 1	Liste 2
8.25 Noradrenalin	A. Bradykardie, Verminderung der Skelettmuskeldurchblutung
8.26 Adrenalin	B. Bildung in chromaffinen Zellen des Nebennierenmarks
	C. Verminderung des Tonus der Bronchialmuskulatur
	D. Bewirkung von Lipolyse
	E. Stimulierung des ascendierenden retikulären Systems, Angstzu-stände

| 8.27 | 8.7.1 (+++) | Fragentyp C |

Zerstörung des Nebennierenmarks hat lebensbedrohliche Folgen,

<u>weil</u>

wegen des totalen Ausfalls von Noradrenalin die Kochsalzausscheidung der Niere stark ansteigt.

| 8.28 | 8.7.2 (++)
8.7.3 (+++) | Fragentyp D |

Die Adrenalinsekretion des Nebennierenmarks

1) wird über ein tropes Hormon gesteuert

2) wird über Zweige des Nervus splanchnicus ausgelöst

3) steigt bei besonderen Belastungen an ("Notfallreaktion", "ergotrope Einstellung")

4) sinkt bei Druckentlastung des Carotis-Sinus ab

5) ist ein physiologisches Korrelat der Emotion

Wählen Sie bitte die zutreffende Aussagenkombination.

A. Alle Aussagen sind richtig

B. Nur 2 und 3 sind richtig

C. Nur 2, 3, 4 und 5 sind richtig

D. Nur 2, 3 und 5 sind richtig

E. Nur 3 und 5 sind richtig

| 8.29 | 8.8 | Fragentyp A |

Eine der folgenden Aussagen über die Nebennierenrinde (NNR) ist <u>falsch</u>.

A. Die wesentlichen NNR-Hormone beim Menschen sind: Cortisol, Aldosteron und - in bestimmten Entwicklungsphasen - Corticoide mit androgener Wirkung.

B. Aldosteron wird in der Zona glomerulosa, Cortisol in der Zona fasciculata und Zona reticularis gebildet.

C. Nach Ausfall von ACTH (Entfernung der Adenohypophyse) atrophiert die Zona glomerulosa, die Aldosteronsekretion fällt aus.

D. Doppelseitige Zerstörung der NNR führt beim Menschen infolge von Hyponatriämie und Dehydrierung rasch zum Tode.

E. Der Ausfall von Cortisol ist nicht unmittelbar lebensbedrohlich.

8.30   8.8.2 (++)   Fragentyp A

Eines der folgenden Symptome ist <u>nicht</u> auf Ausfall der Mineralocorticoide (Aldosteron) zurückzuführen.

A. Verminderte Na^+-Reabsorption in der Niere

B. Verminderte Wasserreabsorption in der Niere

C. Verminderter NaCl-Gehalt des Schweißes

D. Acidose

E. Erhöhung des Hämatokrits

8.31   8.8.3 (+++)   Fragentyp A

Welche der folgenden Aussagen ist zutreffend? Eine Steigerung der Aldosteronsekretionsrate erfolgt nach

A. Erhöhung des Plasma-pH

B. Verminderung des Plasma-K^+

C. Erhöhung des Plasmavolumens

D. verminderter NaCl-Zufuhr mit der Nahrung

E. Bluttransfusion

8.32   8.8.4 (+++)   Fragentyp C

Ausschaltung der Adenohypophyse führt zu lebensbedrohlichem Kochsalzverlust und Dehydratation,

<u>weil</u>

nach Ausfall von ACTH die Aldosteronsekretion stark reduziert ist.

8.33	8.8.5 (+++)	Fragentyp C

Man muß annehmen, daß die Ruhesekretionsrate der
Glucocorticoide weitgehend unabhängig von der ACTH-
Sekretion ist,

<u>weil</u>

nach Entfernung der Adenohypophyse keine Atrophie der
Zona fasciculata der Nebennierenrinde und keine Senkung
des Corticoidspiegels auftritt.

8.34	8.8.6 (+++)	Fragentyp C
	8.8.8 (++)	

Bei anhaltender Zufuhr von Glucocorticoiden (etwa aus
therapeutischen Gründen) ist mit einer Atrophie der
Zona fasciculata der Nebennierenrinde zu rechnen,

<u>weil</u>

die Glucocorticoide auf Strukturen der hypophysiotropen Zone des Hypothalamus einwirken und auf diesem
Wege die CRF (= Releasing-Hormon für ACTH)-Sekretion
vermindern (negative Rückkopplung!).

8.35	8.8.7 (++)	Fragentyp D

Eine Steigerung der Glucocorticoidsekretion kann ausgelöst werden

1) durch starke psychische Belastung (Stress!)

2) durch ACTH-Injektion

3) durch elektrische Reizung der Corpora amygdaloidea
   (Mandelkerne der Insula cerebri)

4) durch Hypoxie

5) durch starke Kältebelastung

Wählen Sie bitte die zutreffende Aussagenkombination.

A. Alle Aussagen sind falsch

B. Alle Aussagen sind richtig

C. Nur 1, 2, 4 und 5 sind richtig

D. Nur 1, 2 und 4 sind richtig

E. Nur 1 und 2 sind richtig

8.36	8.8.6 (+++)	Fragentyp C
	8.8.7 (++)	

Die im Stress auftretende Steigerung des Cortisol-
spiegels des Plasmas wird als Sollwertverstellung des
Regelungssystems aufgefaßt,

weil

die Steigerung der Sekretionsrate von Cortisol verhindert wird, wenn man vor der Stressor-Einwirkung den
Cortisolspiegel durch exogene Cortisolzufuhr auf eine
geeignete Höhe anhebt.

8.37	8.8.9	Fragentyp B
8.38		
8.39		

Jeweils eine der in Liste 2 aufgeführten Aussagen bzw.
eines der Symptome charakerisiert die in Liste 1 genannten Krankheitsbilder.

Liste 1

8.37 Morbus Cushing

8.38 Morbus Addison

8.39 Adrenogenitales
     Syndrom

Liste 2

A. Infolge Enzymdefekts wird
   anstelle von Cortisol ein
   NNR-Androgen gebildet.

B. Hypertonie, Hyperglykämie

C. Hyponatriämie, Acidose

D. Hypernatriämie-Ödeme

E. Eunuchoider Riesenwuchs

Kapitel 9
Sexualfunktionen (K. Brück)

Die gonadotropen Hormone

1) umfassen eine Gruppe von Steroidhormonen, die in den Keimdrüsen gebildet werden

2) werden in der Adenohypophyse gebildet

3) LH (luteinisierendes Hormon) und FSH (Follikel-stimulierendes Hormon) sind geschlechtsspezifische Sexualhormone

4) LH und ICSH (interstitial cells stimulating hormone) sind identisch

5) steuern die Sekretion der Sexualhormone

Wählen Sie bitte die zutreffende Aussagenkombination.

A. Nur 1 und 3 sind richtig

B. Nur 2, 4 und 5 sind richtig

C. Nur 2 und 3 sind richtig

D. Nur 2 ist richtig

E. Nur 5 ist richtig

Der FSH- und LH-Spiegel (FSH = Follikel-stimulierendes Hormon; LH = luteinisierendes Hormon) des Plasmas

1) ist beim Mann unabhängig von der Sekretionsrate der entsprechenden Releasing-Hormone (FSH-RF; LH-RF)

2) zeigt bei der Frau cyclische Schwankungen entsprechend dem Menstruationscyclus

3) wird bei der Frau über Releasing-Hormone gesteuert, die in der hypophysiotropen Zone des Hypothalamus gebildet werden

4) ist abhängig von einem Antrieb, der in zentralnervösen Strukturen zu suchen ist, die der hypophysiotropen Zone funktionell übergeordnet sind

5) ist im Sinne einer negativen Rückkopplung abhängig
   von der Höhe des Oestrogen- und Gestagenspiegels

Wählen Sie bitte die zutreffende Aussagenkombination.

A. Alle Aussagen sind falsch

B. Alle Aussagen sind richtig

C. Nur 2, 3, 4 und 5 sind richtig

D. Nur 1, 2, 3 und 4 sind richtig

E. Nur 2 ist richtig

9.03   9.2.1 (++)   Fragentyp D
                  9.2.3 (++)

Testosteron

1) ist das wichtigste männliche Sexualhormon

2) bewirkt in einer frühembryonalen Entwicklungsphase
   die Ausbildung des männlichen Genitale

3) untersteht der Steuerung durch ICSH (interstitial
   cells stimulating hormone)

4) ist erforderlich für die Geschlechtsreifung und die
   Ausbildung der männlichen extragenitalen Geschlechts-
   merkmale in der Pubertät

5) ist für die Spermiogenese unerläßlich

Wählen Sie bitte die zutreffende Aussagenkombination.

A. Nur 1, 2 und 4 sind richtig

B. Nur 1, 4 und 5 sind richtig

C. Nur 1, 3, 4 und 5 sind richtig

D. Nur 4 und 5 sind richtig

E. Alle Aussagen sind richtig

9.04	9.2.2 (++)	Fragentyp C

Follikelstimulierendes Hormon (FSH) dürfte beim Mann
streng genommen nicht als "glandotropes" Hormon bezeichnet werden,

<u>weil</u>

FSH beim Mann zwar für die Spermiogenese unerläßlich
ist, aber keine Bedeutung für die Bildung und Sekretion
des Testosterons hat.

9.05 9.06	9.3.1 (++)	Fragentyp B

Für die in Liste 1 genannten Hormone trifft jeweils
eine der in Liste 2 gemachten Aussagen <u>nicht</u> zu.

<u>Liste 1</u>

<u>Liste 2</u>

9.05 Oestrogene
(Oestradiol,
Oestron)

9.06 Gestagene
(Progesteron)

A. ist/sind weibliche Sexualhormone

B. wird/werden in Ovar und
Placenta gebildet

C. ist/sind erforderlich zur Ausbildung der für die Nidation
nötigen Veränderungen der
Uterusschleimhaut

D. bewirkt/bewirken die Steigerung der Basaltemperatur in
der zweiten Häfte des Menstruationscyclus

E. bewirkt/bewirken die Prolife-
rationsphase des Uterus

9.07 9.08 9.09 9.10 9.11	9.4.1 (++) 9.4.2 (++)	Fragentyp B

Die in Liste 1 genannten Ereignisse treten innerhalb
eines 28 Tage dauernden Menstruationscyclus etwa an
einem der in Liste 2 genannten Tage (Beginn der Men-
struation = 0 Tage) ein.

<u>Liste 1</u>	<u>Liste 2</u>
9.07 Follikelsprung	A. 2
9.08 Maximum des Oestrogenspiegels	B. 6
9.09 Maximum des Progesteronspiegels	C. 14
9.10 Maximum des LH-Spiegels	D. 25
9.11 Beginn der Proliferationsphase	E. O

9.12	9.4.3 (++)	Fragentyp D

Die sprunghafte Erhöhung der Basaltemperatur im Verlauf
des Menstruationscyclus

1) beträgt mehr als $0,2^{\circ}C$

2) wird als eine durch Progesteron bedingte Verstellung
   des Temperatursollwertes aufgefaßt

3) zeigt den Ovulationstermin an

4) ist von einer Steigerung des Grundumsatzes und verminderter Wärmetransportfähigkeit der Körperschale
   (Vasoconstriction) begleitet

5) gibt das Ende der befruchtungsfähigen Tage innerhalb des Cyclus an

Wählen Sie bitte die zutreffende Aussagenkombination.

A. Alle Aussagen sind richtig

B. Nur 1, 2, 3 und 4 sind richtig

C. Nur 1 und 3 sind richtig

D. Nur 1 und 3 sind richtig

E. Keine Aussage ist richtig

9.13	9.4.4 (++)	Fragentyp D

Voraussetzung für den Anstieg des Progesteronspiegels in der zweiten Hälfte des Menstruationscyclus ist

1) ein herangewachsener Follikel

2) ein steiler Anstieg des luteinisierenden Hormons

3) bei mehreren Laborspecies ein Anstieg des luteotropen Hormons (LTH)

4) die Verhinderung der Umwandlung des Follikelepithels in ein Corpus luteum

5) ein steiler Abfall des Oestrogenspiegels

Wählen Sie bitte die zutreffende Aussagenkombination.

A. Alle Aussagen sind richtig

B. Nur 1, 2, 3 und 4 sind richtig

C. Nur 1, 2 und 3 sind richtig

D. Nur 1 und 2 sind richtig

E. Nur 2 ist richtig

9.14	9.5.1 (++)	Fragentyp C

Eine Kohabitation beim Menschen führt in der Regel nur innerhalb eines Zeitraumes von etwa 12 - 16 Tagen nach Beginn eines normal langen Menstruationscyclus zu einer Conception,

<u>weil</u>

die Eizelle erst ca. 12 Tage nach der Ovulation befruchtungsfähig wird und die Überlebenszeit der Spermien nur wenige Tage beträgt.

9.15	9.5.2 (++)	Fragentyp B
9.16	9.5.3 (++)	

Die in Liste 1 aufgeführten Vorgänge stehen mit jeweils einer der in Liste 2 genannten physiologischen Reaktionen in Zusammenhang.

<u>Liste 1</u>	<u>Liste 2</u>
9.15 Erection	A. Vasoconstriction der Penisgefäße
9.16 Ejaculation	B. Erregung der parasympathischen Nervi erigentes
	C. Erregung von Fasern des sympathischen Plexus hypogastricus
	D. Erregung von Nociceptoren
	E. Erregung von Pressoreceptoren

9.17	9.5.4 (++)	Fragentyp D

Die heute allgemein verbreitete Methode der Conceptions-
verhütung

1) besteht in der Verabfolgung eines Gemisches von
   Gestagen und Oestrogen

2) beruht auf der Hemmung der FSH- und LH-Sekretion
   durch Oestrogene und Gestagene

3) beruht auf der Hemmung der Spermienwanderung durch
   Oestrogene und Gestagene

4) beruht vor allem auf einem Verschluß der Cervix
   uteri durch Gestagene

5) beruht auf einer Verhinderung der Nidation durch
   Gestagene

Wählen Sie bitte die zutreffende Aussagenkombination.

A. Nur 1 und 2 sind richtig

B. Nur 1 und 3 sind richtig

C. Nur 1 und 4 sind richtig

D. Nur 1 und 5 sind richtig

E. Keine Aussage ist richtig

Kapitel 10
Vegetatives Nervensystem (W. Jänig)

10.01   10.1.1 (+)   Fragentyp A

Die Somata der präganglionären sympathischen Neurone
liegen

A. im ganzen Rückenmark gleichmäßig verteilt

B. in Höhe des lateralen Horns des gesamten Rückenmarks

C. im thorakalen und lumbalen Rückenmark

D. im lumbalen und sacralen Rückenmark

E. in den Grenzstrangganglien

10.02   10.1.1 (+)   Fragentyp A

Peripherer Sympathicus und Parasympathicus unterscheiden sich

A. nur durch ihre Überträgerstoffe auf die Effectoren

B. durch ihre Ursprünge aus der Neuraxis und ihre
   Wirkungen auf die Effectoren

C. durch ihre Überträgerstoffe in den Ganglien und den
   Aufbau ihrer Synapsen an den Effectoren

D. in ihren Wirkungen auf die Gefäßmuskulatur

E. durch ihre generell erregenden (Sympathicus) und
   hemmenden (Parasympathicus) Wirkungen

10.03   10.1.2 (+)   Fragentyp A

Postganglionäre Axone

A. sind myelinisiert und leiten mit etwa 1 m/s

B. sind unmyelinisiert und leiten mit etwa 3 - 20 m/s

C. sind alle unmyelinisiert und leiten mit etwa 1 m/s

D. sind alle sehr kurz

E. haben ihre Somata im Rückenmark

10.04   10.1.2 (+)   Fragentyp B
10.05
10.06

Welche Ganglien in Liste 2 sind sympathisch, parasympathisch oder sensorisch (Liste 1)?

<u>Liste 1</u>   <u>Liste 2</u>

10.04 Sympathisch   A. Ganglion submandibulare

10.05 Sensorisch   B. Ganglion stellatum

10.06 Parasympathisch C. Ganglion semilunare

          D. Ganglion cochleae

          E. Glomus aorticum

10.07   10.1.5 (+)   Fragentyp A

Eine plötzliche Abnahme des Blutdruckes verursacht
sofort, d.h. innerhalb von Sekunden,

A. eine Abnahme des Vasoconstrictorentonus

B. eine Zunahme der Aktivität in parasympathischen
   Fasern zum Herzen

C. eine Zunahme der Aktivität in sympathischen Fasern
   zum Herzen

D. eine Ausschüttung von Catecholaminen aus der Nebennierenrinde

E. eine Zunahme der Aktivität in den Baroafferenzen

10.08	10.1.4 (+++)	Fragentyp B
10.09	10.1.3 (++)	
10.10		
10.11		

Welche der Substanzen in Liste 1 werden durch die Neurone in Liste 2 ausgeschüttet?

Liste 1

10.08 Fast nur Noradrenalin

10.09 Bradykinin

10.10 Überwiegend Adrenalin

10.11 Acetylcholin

Liste 2

A. Sudomotoren und Pilo-motoren

B. Nebennierenmarkzellen

C. Keine Überträger-substanz

D. Präganglionäre Neurone und Motoneurone

E. Vasoconstrictoren

| 10.12 | 10.2 (+++) | Fragentyp A |

Erregung des Sympathicus führt unter anderem zur

A. Vasodilatation in der Haut

B. Ausschüttung von Adrenalin und Noradrenalin aus dem Nebennierenmark

C. Pupillenverengerung

D. Blasenentleerung

E. Erhöhung der peristaltischen Bewegungen des Dünn- und Dickdarmes

| 10.13 | 10.2 (+++) | Fragentyp D |

Welche der folgenden Aussagen über die Wirkungen von Parasympathicus und Sympathicus sind richtig?

1) Erregung des Sympathicus führt zur Hemmung der Darmmotilität.

2) Erregung des Parasympathicus führt zur Vasodila-tation in der Muskelstrombahn.

3) Erregung des Sympathicus führt zur Abnahme der Herz-frequenz und Zunahme der Kontraktionskraft der Herz-muskulatur.

4) Die Blasenentleerung wird durch ihre parasympathische Innervation kontrolliert.

5) Erregung des Sympathicus führt zur Mobilisierung von freien Fettsäuren und Glucose.

Wählen Sie unter folgenden Aussagenkombinationen die richtige aus.

A. Nur 2 und 4 sind richtig

B. Nur 1, 4 und 5 sind richtig

C. Nur 1, 2 und 3 sind richtig

D. Nur 2, 4 und 5 sind richtig

E. Nur 3 und 5 sind richtig

10.14   10.2 (+++)   Fragentyp A

Bei einer Herzfrequenz von 70 Schlägen/min erhöht sich die Herzleistung

A. durch Aktivierung des Parasympathicus und Hemmung des Sympathicus

B. durch Abnahme der Aktivität in den parasympathischen Fasern zum Herzen

C. nach Reizung der Baroafferenzen

D. durch die inotrope Wirkung des Parasympathicus auf die Vorhofmuskulatur

E. durch die negative introppe Wirkung des Parasympathicus auf die Kammermuskulatur

---

10.15   10.3.1 (++)   Fragentyp A

Die Erregungsübertragung von postganglionären Neuronen auf die Effectoren ist

A. elektrisch

B. chemisch

C. nur adrenerg

D. nur cholinerg

E. ephaptisch

10.16   10.3.1 (++)   Fragentyp A

Die postganglionären sympathischen Fasern

A. bilden ein Syncytium in der Peripherie

B. bilden Endplatten auf der glatten Muskulatur

C. sind dünne myelinisierte Axone

D. haben ihre Somata in den Spinalganglien

E. innervieren praktisch alle autonomen Effectoren

10.17   10.3.3 (++)   Fragentyp D
                         10.3.4 (++)

Die adrenergen Überträgerstoffe in postganglionären
vegetativen terminalen Fasern

1) führen nach Freisetzung zur elektrotonischen
   Depolarisation der postsynaptischen Membranen

2) sind in Bläschen gespeichert

3) werden in Gegenwart von Calciumionen freigesetzt
   durch Erregung der postganglionären Neurone

4) werden freigesetzt durch hormonelle Einwirkung

5) werden nach Freisetzung in die Blutbahn aufgenommen und in der Nebennierenrinde inaktiviert

Wählen Sie unter folgenden Aussagenkombinationen die
richtige aus.

A. Nur 2 und 3 sind richtig

B. Nur 1, 2 und 3 sind richtig

C. Nur 2, 3 und 4 sind richtig

D. Nur 1 und 5 sind richtig

E. Nur 1, 4 und 5 sind richtig

10.18   10.3.5 (++)   Fragentyp A

Die erregenden und hemmenden Wirkungen eines bestimmten
Überträgerstoffes im peripheren vegetativen Nervensystem hängen ab

A. von den Eigenschaften der subsynaptischen Membranen

B. von der An- oder Abwesenheit spezifischer Esterasen

C. vom Funktionszustand der postganglionären Neurone oder Effectoren

D. vom sterischen Aufbau des Übertragerstoffes

E. vom Impulsmuster in den prä- und postganglionären Neuronen

| 10.19 | 10.3.6 (++) | Fragentyp A |

Die Wirkungsdauer von Acetylcholin auf die glatte Muskulatur wird verkürzt durch

A. Catechol-O-Methyl-Transferase (COMT)

B. Wiederaufnahme in die präsynaptischen Endigungen

C. Anticholinesterase

D. Parasympathicolytica

E. Aufnahme in die Muskelfaser

10.20	10.3.6 (++)	Fragentyp C
10.21	10.3.7 (+++)	
10.22		

Ordnen Sie den Übertragerstoffen in Liste 1 die Merkmale in Liste 2 zu:

Liste 1	Liste 2

10.20 Noradrenalin

10.21 Adrenalin

10.22 Acetylcholin

A. wird hauptsächlich durch die Leber inaktiviert

B. wird hauptsächlich durch eine Esterase inaktiviert

C. ist das wesentliche Produkt des Nebennierenmarkes

D. wird hauptsächlich durch Wiederaufnahme inaktiviert

E. wird hauptsächlich durch die Niere ausgeschieden

10.23   10.3.7 (+++)   Fragentyp A

Die Wirkung von Noradrenalin auf die Effectoren wird
<u>hauptsächlich</u> beendet durch

A. extracellulären Abbau

B. Adrenalinesterase

C. enzymatischen Abbau in der Leber

D. Wiederaufnahme in die präsynaptischen Endigungen

E. Aufnahme in das Nebennierenmark

10.24   10.4.2 (+)   Fragentyp B
10.25   10.4.3 (+)
10.26
10.27

Welche der in Liste 2 aufgeführten Substanzen fallen
unter die Begriffe in Liste 1?

Liste 1	Liste 2
10.24 Sympathicomimeticum	A. Ephedrin
10.25 Sympathicolyticum	B. Muscarin
10.26 Parasympathicomimeticum	C. Dichlorisoproterenol
10.27 Parasympathicolyticum	D. Histamin
	E. Atropin

10.28   10.4.4 (+)   Fragentyp C

Die synaptische Übertragung von prä- nach postgangli-
onär kann durch Atropin blockiert werden,

<u>weil</u>

die Membran der postganglionären Neurone nicotinartige
Acetylcholinreceptoren enthält.

10.29   10.4.5 (++)   Fragentyp C

Das Zentralnervensystem kann über Vasocontrictoren den
Blutfluß durch die Muskulatur erhöhen und erniedrigen,

<u>weil</u>

die glatte Gefäßmuskulatur im Muskel sowohl ∝- als
auch ß-Receptoren enthält.

10.30   10.4.5 (++)   Fragentyp D
                         10.4.2 (+)

Welche der folgenden Aussagen über die pharmakolo-
gischen Receptoren im peripheren vegetativen Nervensystem sind richtig?

1) Die Erregungsübertragung von prä- nach postgangli-
   onär kann durch ß-Blocker beseitigt werden.

2) die constrictorische Wirkung der postganglionären
   Neurone auf die glatte Gefäßmuskulatur ist ∝-
   receptorisch.

3) Die neuronale Wirkung auf die Schweißdrüsen ist
   muscarinerg.

4) Adrenalin hat nur ß-receptorische Wirkung auf das
   Gefäßsystem.

5) Acetylcholin hat nicotinerge Wirkung auf postganglionäre Neurone und muscarinerge auf glatte
   Muskulatur.

Wählen Sie unter folgenden Aussagenkombinationen die
richtige aus.

A. Nur 1, 4 und 5 sind richtig

B. Nur 2, 3 und 4 sind richtig

C. Nur 2 und 5 sind richtig

D. Nur 2, 3 und 5 sind richtig

E. Nur 3 und 4 sind richtig

10.31	10.5.1 (++)	Fragentyp B
10.32		
10.33		
10.34		

Ordnen Sie den Begriffen in Liste 1 je einem der Phänomene in Liste 2 zu.

Liste 1	Liste 2
10.31 Somatischer Reflex	A. Blasenentleerung beim Querschnittsgelähmten
10.32 Vegetativer Reflex	B. Flexorreflex
10.33 Hormonale Regulation	C. Osmoregulation
10.34 Nichtneuronale Selbst- regelung des Effectors	D. Autoregulation
	E. Bohreffekt

10.35	10.5.1 (++)	Fragentyp A

Welche Aussage ist richtig? Der vegetative Reflexbogen in einem Rückenmarkssegment

A. hat 3 oder mehr Synapsen zwischen afferentem und postganglionärem Neuron

B. unterscheidet sich im Aufbau nicht vom monosynaptischen Dehnungsreflex

C. besteht auf der afferenten Seite nur aus visceralen Afferenzen

D. ist außerhalb des Zentralnervensystems organisiert

E. hat eine Synapse im Spinalganglion

10.36	10.5.1 (++)	Fragentyp B
10.37		
10.38		

Welche Arten von Axonen (Liste 1) kommen in den unter Liste 2 aufgeführten Nerven vor?

<u>Liste 1</u>	<u>Liste 2</u>

10.36 Somatische Afferenzen   A. N. depressor

10.37 Sympathische Afferenzen   B. gibt es nicht

10.38 Präganglionäre Fasern   C. Hautnerven

                                                 D. Nerven zum Neben-
                                                           nierenmark

                                                 E. N. opticus

10.39	10.5.2 (++) 10.5.3 (++) 10.5.4 (++)	Fragentyp D

Welche der folgenden Aussagen über die Funktionen der einzelnen Teile der Neuraxis sind richtig?

1) Die Blasenentleerung wird über die Medulla oblongata geregelt.

2) Der Tonus der Vasoconstrictoren zur Skelettmuskulatur wird hauptsächlich von der Medulla oblongata aus geregelt.

3) Das Mesencephalon regelt die Wasseraufnahme und -abgabe.

4) Der Hypothalamus integriert das Abwehrverhalten.

5) Das Rückenmark integriert die parasympathische Regelung der Motilität vom Dünndarm.

Wählen Sie unter folgenden Aussagenkombinationen die richtige aus.

A. Nur 2, 3 und 4 sind richtig

B. Nur 1 und 5 sind richtig

C. Nur 3, 4 und 5 sind richtig

D. Nur 1, 3 und 5 sind richtig

E. Nur 2 und 4 sind richtig

10.40	10.5.2 (++)	Fragentyp B
10.41	10.5.7 (+)	
10.42	10.5.4 (++)	

Welche Hirnstrukturen (Liste 2) integrieren die Funktionen in Liste 1?

Liste 1	Liste 2
10.40 Emotionen (artspezifisches Verhalten)	A. Medulla oblongata
	B. Somatosensorisches System
10.41 Regelung der Sexualdrüsen	C. Limbisches System
10.42 Kreislaufregulation	D. Cerebellum
	E. Hypothalamus

10.43	10.5.4 (++)	Fragentyp D

Für welche der folgenden Funktionen ist der Hypothalamus notwendig?

1) Hals- und Stellreflexe

2) Autoregulation

3) Regelung der Nahrungsaufnahme

4) Integration des Abwehrverhaltens

5) Regelung der Blasenentleerung

Wählen Sie unter folgenden Aussagenkombinationen die richtige aus.

A. Nur 1, 2 und 3 sind richtig

B. Nur 2 und 3 sind richtig

C. Nur 3 und 4 sind richtig

D. Nur 2 und 5 sind richtig

E. Nur 3, 4 und 5 sind richtig

10.44	10.5.5 (++)	Fragentyp D

Während des hypothalamischen Abwehrverhaltens beobachtet man folgende Phänomene im Körper:

1) Der Adrenalinspiegel im Blut steigt an.

2) Die Durchblutung der Skelettmuskulatur nimmt zu.

3) Die ACTH-Konzentration im Blut nimmt zu.

4) Die Verdauungstätigkeit nimmt zu.

5) Das Herzzeitvolumen nimmt ab.

Wählen Sie unter folgenden Aussagenkombinationen die richtige aus.

A. Nur 4 und 5 sind richtig

B. Nur 1, 2 und 3 sind richtig

C. Nur 3, 4 und 5 sind richtig

D. Nur 2 und 3 sind richtig

E. Nur 1, 2 und 4 sind richtig

Kapitel 11
Angewandte Physiologie: Arbeit, Sport und Umwelt (H.-V. Ulmer)

Der bei Erwachsenen mögliche Höchstwert für den täglichen Energieumsatz bei beruflicher Schwerstarbeit (mehrjährige Belastung)

1) ist ungefähr doppelt so groß wie der Freizeitumsatz

2) ist ungefähr dreimal so groß wie der Grundumsatz

3) ist gleichgroß wie der tägliche Energieumsatz von Ausdauersportlern mit 5stündigem, intensivem Training

4) entspricht einer Sauerstoffaufnahme von ungefähr 500 l

5) entspricht einer Sauerstoffaufnahme von ungefähr 1000 l

Wählen Sie bitte die zutreffende Antwortkombination.

A. Nur 1 und 3 sind richtig

B. Nur 2 und 3 sind richtig

C. Nur 3, 4 und 5 sind richtig

D. Nur 1, 2 und 5 sind richtig

E. Alle Aussagen sind richtig

Der stündliche Energieumsatz eines trainierten Ausdauersportlers beträgt bei mehrstündiger sportlicher Höchstleistung etwa

A.　 250 kcal/Std bzw.　 1 05o kJ/Std

B.　 500 kcal/Std bzw.　 2 100 kJ/Std

C.　1000 kcal/Std bzw.　 4 200 kJ/Std

D.　2000 kcal/Std bzw.　 8 400 kJ/Std

E.　3000 kcal/Std bzw.　12 600 kJ/Std

11.03   11.1.3/4 (+++)   Fragentyp B
11.04

Die Leistungsfähigkeit bei schwerer statischer und
dynamischer Muskelarbeit wird durch verschiedene
Faktoren limitiert. Ordnen Sie bitte den in Liste 1
genannten Bedingungen den jeweils leistungsbegrenzenden
Faktor aus Liste 2 zu.

<table>
<tr><td><u>Liste 1</u></td><td><u>Liste 2</u></td></tr>
<tr><td>11.03 Dynamische Arbeit mit
mehr als 1/7 der ge-
samten Skelettmuskulatur</td><td>A. Atemzeitvolumen

B. Atemfrequenz</td></tr>
<tr><td>11.04 Statische Arbeit mit
einer Intensität von
mehr als 15 % der je-
weiligen Maximalkraft</td><td>C. Lokale Durchblutung

D. Herzzeitvolumen

E. Wirkungsgrad</td></tr>
</table>

11.05   11.1.3 (+++)   Fragentyp D

Beim Gesunden hängt die maximale Sauerstoffaufnahme
über die Lunge bei erschöpfender dynamischer Arbeit von
folgenden Faktoren ab:

1) maximales Herzzeitvolumen

2) maximales Atemzeitvolumen

3) maximales Atemzugvolumen

4) Hb-Konzentration im Blut

5) Capillarisierung des Muskels

Wählen Sie bitte die zutreffende Antwortkombination.

A. Nur 1 und 2 sind richtig

B. Nur 1 und 3 sind richtig

C. Nur 1, 2 und 4 sind richtig

D. Nur 1, 4 und 5 sind richtig

E. Alle Aussagen sind richtig

11.06	11.1.5 (++)	Fragentyp C

Mit dem Verfahren der direkten Calorimetrie kann prinzipiell der Energieumsatz des Menschen ebenso bestimmt werden wie mit der indirekten Calorimetrie,

<u>weil</u>

das Gesetz von der Erhaltung der Energie auch für Lebewesen gilt.

11.07	11.1.5 (++)	Fragentyp C

Bei gleichen vorgegebenen Leistungen wird ein Organismus umso mehr beansprucht, je größer der Wirkungsgrad ist,

<u>weil</u>

der Gesamtumsatz bei Arbeit mit steigendem Wirkungsgrad zunimmt.

11.08	11.1.6 (++)	Fragentyp A

Beim isometrischen Krafttraining beruht die Zunahme der Muskelkraft im wesentlichen auf einer der folgenden Änderungen in der jeweils trainierten Skelettmuskulatur:

A. Hypertrophie

B. Hyperplasie

C. Optimierung der neuromuskulären Übertragung und der Koordination

D. Zunahme der Konzentration an energiereichen Phosphaten

E. Vermehrte Glykogenspeicherung

11.09	11.1.7 (+)	Fragentyp A

Durch spezielle Motivationsmaßnahmen kann die körperliche Leistungsfähigkeit bei Dauerleistungen gesteigert werden, weil

A. die physische Ermüdung vermindert wird

B. die Leistungsreserven mobilisiert werden

C. eine psychisch bedingte Steigerung des Herzzeitvolumens ausgelöst wird

D. eine psychisch bedingte Steigerung des Atemzeit-
   volumens ausgelöst wird

E. das somatische Nervensystem in einen höheren
   Aktivitätsgrad versetzt wird

11.10	11.1.7 (+)	Fragentyp C

Im Verlauf eines Geschicklichkeitstrainings steigt die
sensomotorische Leistungsfähigkeit,

<u>weil</u>

aufgrund der verbesserten neuro-muskulären Koordination
der Energieumsatz sinkt.

11.11 11.12	11.1.8 (++)	Fragentyp B

Ordnen Sie bitte den Ermüdungsformen der Liste 1 je
eine der Aussagen aus Liste 2 zu, die für physische
bzw. psychische Ermüdung besonders typisch ist.

<u>Liste 1</u>	<u>Liste 2</u>
11.11 Physische Ermüdung	A. kann schlagartig aufge- hoben werden
11.12 Psychische Ermüdung	B. geht mit nachweisbaren Substratänderungen im Muskel einher
	C. geht mit nachweisbaren Substratänderungen im ZNS einher
	D. Erholungszeit hängt aus- schließlich von der Lei- stungsfähigkeit ab
	E. Erholungszeit hängt aus- schließlich von der Be- lastung ab

11.13   11.1.9 (+)   Fragentyp A

Häufige Einwirkungen von Stressoren führen zu Anpas-
sungserscheinungen im Hormonsystem. Kennzeichnen Sie
bitte diejenige endokrine Drüse, in der die deutlichsten morphologischen Änderungen auftreten.

A. Schilddrüse

B. Hypophysenvorderlappen

C. Hypophysenhinterlappen

D. Nebennierenmark

E. Nebennierenrinde

11.14   11.2.1 (+++)   Fragentyp D

Während dynamischer Arbeit mit konstanter Belastung
unterhalb der Dauerleistungsgrenze

1) tritt ein "leveling off" der Sauerstoffaufnahme ein

2) tritt ein "steady state" der Sauerstoffaufnahme ein

3) tritt ein gleichmäßiger Anstieg der Herzfrequenz
   ein

4) hängt die Pulsfrequenz von der Belastungsintensität
   ab

5) hängt die Pulsfrequenz vom Wirkungsgrad ab

Wählen Sie bitte die zutreffende Antwortkombination.

A. Nur 1, 4 und 5 sind richtig

B. Nur 2, 4 und 5 sind richtig

C. Nur 3, 4 und 5 sind richtig

D. Nur 3 und 5 sind richtig

E. Nur 4 und 5 sind richtig

11.15   11.2.2 (++)   Fragentyp C

Ein trainierter Langstreckenläufer hat bei einer Fahr-
radergometer-Belastung von 100 Watt eine deutlich ge-
ringere Sauerstoffaufnahme als ein Untrainierter,

weil

aufgrund der Anpassungsvorgänge im Verlauf seines Aus-
dauertrainings das Herzvolumen vergrößert wurde.

11.16   11.2.2 (++)   Fragentyp D

Bei einer 100 Watt-Belastung eines gesunden, nicht
trainierten erwachsenen Mannes auf dem Fahrradergo-
meter (50 - 60 Pedalumdrehungen/min) sind folgende
Richtwerte zu erwarten:

1) Sauerstoffaufnahme von 1,5 l/min

2) Pulsfrequenz 10 Schläge über dem Ausgangswert

3) Erholungspulssumme von 100 Pulsen

4) Herzzeitvolumen von 20 l/min

5) Atemzeitvolumen von 10 l/min (BTPS)

Wählen Sie bitte die zutreffende Antwortkombination.

A. Nur 1 und 3 sind richtig

B. Nur 4 und 5 sind richtig

C. Nur 2 und 3 sind richtig

D. Nur 2, 3 und 4 sind richtig

E. Alle Aussagen sind richtig

11.17   11.2.3 (+++)   Fragentyp A

Nach längerem intensivem Ausdauertraining entwickelt
sich ein sog. Sportherz, das bezüglich verschiedener
Meßgrößen vom Normalherzen abweicht. Welche der folgenden Aussagen ist <u>falsch</u>? Beim Sportherz ist gegenüber dem Normalherzen

A. das Schlagvolumen größer

B. das Herzvolumen größer

C. die Ruhepulsfrequenz niedriger

D. das maximale Herzzeitvolumen größer

E. die maximale Herzfrequenz größer

11.18	11.2.4 (+++)	Fragentyp C

Bei dynamischer Arbeit steigt der arterielle Mitteldruck fast proportional zur Belastung deutlich an,

weil

sowohl der systolische als auch der diastolische Blutdruck bei Arbeit deutlich ansteigen.

11.19	11.2.5 (++)	Fragentyp C

Aus ärztlicher Sicht besitzt sportliche Betätigung
einen besonderen prophylaktischen (vorbeugenden) Wert
gegen Zivilisationskrankheiten,

weil

Bewegungsmangel einen sehr wesentlichen, die Gesundheit
beeinträchtigenden epidemiologischen Risikofaktor darstellt.

11.20	11.3.1 (++)	Fragentyp C

Im Verlauf von Adaptationsvorgängen wird die Leistungsfähigkeit der adaptierenden Systeme gesteigert,

weil

die funktionellen und morphologischen Anpassungsvorgänge speziell auf den auslösenden Vorgang abgestimmt
sind.

11.21	11.3.2 (+++)	Fragentyp D

Nach Abschluß einer längeren Höhenakklimatisation in
4000 m Höhe werden in Ruhe folgende Veränderungen gegenüber Werten in Meereshöhe beobachtet:

1) Das Atemzeitvolumen ist mehr als verdoppelt.

2) Der arterielle P_{CO_2} ist auf 20 mm Hg gesunken.

3) Der arterielle P_{O_2} ist auf 85 mm Hg gesunken.

4) Die Pufferbasen sind auf 55 mmol/l gestiegen.

5) Das Plasmavolumen hat um 20 % zugenommen.

Welche Antwort halten Sie für zutreffend?

A. 1 und 2 sind richtig

B. 1, 2 und 5 sind richtig

C. 3 und 4 sind richtig

D. 5 ist richtig

E. <u>Keine</u> der Aussagen ist richtig

11.22   11.4.2 (+++)   Fragentyp A

Welche der folgenden Aussagen im Zusammenhang mit einem Daueraufenthalt eines Menschen in isolierten Räumen mit gleichbleibender Helligkeit ("Bunker") ist <u>falsch</u>?

A. Es handelt sich um den Ausfall terrestischer Zeitgeber.

B. Es handelt sich um den Ausfall sozialer Zeitgeber.

C. Die rhythmischen Änderungen physiologischer Größen laufen meist völlig unverändert weiter.

D. Es stellt sich ein regelmäßiger Wach/Schlaf-Rhythmus ein.

E. Es kann eine Entkoppelung verschiedener endogener Rhythmen eintreten.

11.23   11.4.3 (++)   Fragentyp A

Bei fast allen Menschen findet man Minderungen der Leistungsbereitschaft im Verlauf eines 24-Stunden-Tages. Der Tiefstpunkt der Leistungsbereitschaft tritt auf

A. nach dem Erwachen

B. nach dem Mittagessen

C. gegen Mitternacht

D. gegen 3 Uhr nachts

E. gegen 5 Uhr morgens

11.24	11.4.4 (++)	Fragentyp C

Zeitzonensprünge in östlicher Richtung werden besser vertragen als in westlicher Richtung,

<u>weil</u>

beim Flug in östlicher Richtung die Uhr vorgestellt werden muß.

Kapitel 12
Grundlagen der Erregungs- und Neurophysiologie
(R. F. Schmidt)

12.01	12.1.2 (+++)	Fragentyp B
12.02	12.1.3 (++)	

Der adäquate Reiz und die Reizantwort verschiedener
erregbarer Strukturen sind unter physiologischen Bedingungen unterschiedlich. Wählen Sie bitte für jede
Struktur aus Liste 1 die richtige Antwort aus Liste 2.

<u>Liste 1</u>

12.01 Subsynaptische Membran

12.02 Ranvierscher Schnürring

<u>Liste 2</u>

A. Elektrisch erregbar; abstufbare, überschwellige
   Antworten

B. Elektrisch erregbar; nicht abstufbare, überschwellige Antworten

C. Elektrisch erregbar; Fortleitung mit Dekrement

D. Chemisch erregbar; nicht abstufbare Antworten

E. Chemisch erregbar; abstufbare Antworten

12.03	12.2 (+++)	Fragentyp A

Welche der folgenden Aussagen über das Ruhepotential (RP) ist <u>falsch</u>?

A. Das RP nimmt bei Erhöhung der Kalium-Außenkonzentration ab.

B. Das RP nimmt bei Hemmung der ATP-getriebenen aktiven Na^+-K^+-Pumpe langsam ab.

C. Das RP ist 15 - 20 mV vom Schwellenpotential entfernt.

D. Das RP nimmt bei Herabsetzung der intracellulären K^+-Konzentration zu.

E. Das RP liegt näher am K^+-Gleichgewichtspotential als am Na^+-Gleichgewichtspotential.

12.04	12.2. (+++)	Fragentyp A

Welches Ruhepotential kann man von der Innenseite einer $A\alpha$ -Nervenfaser ableiten, wenn die Außenseite geerdet wird?

A. -70 mV

B. -40 mV

C. +40 mV

D. +58 mV

E. +70 mV

12.05	12.2 (+++) 12.4 (++)	Fragentyp A

Die Zeitkonstante einer Nervenmembran ergibt sich aus dem Produkt

A. Axoplasmawiderstand x Membranwiderstand

B. Axoplasmawiderstand x Membrankapazität

C. Membranwiderstand x Zeitkonstante des Reizes

D. Membranwiderstand x Membrankapazität

E. Membranlängskonstante x Fortleitungsgeschwindigkeit

12.06 12.2.1 (+++) Fragentyp C

Bei der Messung des Ruhepotentials verwendet man als intracelluläre Elektrode eine mit KCl-Lösung gefüllte feine Glascapillare,

<u>weil</u>

hiermit die Muskelfaser beim Einstich nur unwesentlich verletzt und eine leitende Verbindung zum Faserinnern hergestellt wird.

12.07 12.2.1 (+++) Fragentyp C

Das Verletzungspotential eines Muskels ist stets größer als das Ruhepotential einer einzelnen Muskelfaser,

<u>weil</u>

in einem Muskel viele Muskelfasern parallel liegen.

12.08 12.2.2 (+++) Fragentyp A

Die Wirkung der Applikation einer isotonischen KCl-Lösung am Nerven besteht in einer

A. langdauernden repetitiven Aktivität
B. Zunahme des Ruhepotentials auf nahezu den doppelten Wert
C. Erniedrigung der Reizschwelle
D. Hyperpolarisation
E. Depolarisation

12.09	12.2.2 (+++)	Fragentyp D

Die Innenseite einer Nervenfaser kann positiv gegenüber der Außenseite werden durch:

1) Inaktivierung des Na^+-Systems

2) Auslösung eines Aktionspotentials

3) Erhöhung der K^+-Außenkonzentration auf das Fünffache des Normalwertes

4) Inaktivierung des K^+-Systems

Wählen Sie bitte unter folgenden Aussagenkombinationen diejenige, die Sie für zutreffend halten.

A. Nur 1, 2 und 3 sind richtig

B. Nur 1 und 4 sind richtig

C. Nur 2 ist richtig

D. Nur 3 ist richtig

E. Nur 3 und 4 sind richtig

12.10	12.2.2 (+++) 12.2.5 (+)	Fragentyp A

Welche der folgenden Aussagen ist <u>falsch</u>: Eine Verminderung des Membranpotentials des Nerven (Depolarisation) erzeugt

A. einen Einstrom von K^+-Ionen

B. eine vorübergehende Erhöhung der Na^+-Permeabilität

C. eine dauerhafte Erhöhung der K^+-Permeabilität

D. eine Widerstandsabnahme der Membran

E. eine Verminderung der Ladung des Membrankondensators

12.11 12.12	12.2.3 (+++)	Fragentyp B

Ordnen Sie den beiden Seiten der Nervenmembran (Liste 1) die richtige der in Liste 2 (für den Menschen) angegebenen Ionenkonzentrationen zu.

<u>Liste 1</u>	<u>Liste 2</u>

12.11 Innenseite

12.12 Außenseite

A. $[Na^+]$ = 10 - 15 mmol/l

B. $[Na^+]$ = 200 - 250 mmol/l

C. $[K^+]$ = 3 - 5 mmol/l

D. $[K^+]$ = 200 - 250 mmol/l

E. $[Cl^-]$ = 1 - 2 mmol/l

12.13   12.2.4 (++)   Fragentyp A

Wenn im Experiment die K^+-Außenkonzentration einer Nervenfaser 10-mal kleiner ist als die K^+-Ionenkonzentration, so würde man aufgrund der Nernstschen Gleichung folgendes Potential erwarten:

A. Innen 58 mV negativ gegen außen

B. Außen 58 mV negativ gegen innen

C. Innen 29 mV negativ gegen außen

D. Außen 29 mV negativ gegen innen

E. Außen 10 mV negativ gegen innen

12.14   12.2.6 (++)   Fragentyp D

Welche der im folgenden aufgeführten Tatsachen weisen darauf hin, daß neben K^+- und Cl^--Ionen auch Na^+-Ionen das Ruhepotential beeinflussen?

1) Das Ruhepotential ist weniger negativ als das K^+-Gleichgewichtspotential.

2) Das Ruhepotential ändert sich etwa proportional zum Logarithmus der extracellulären K^+-Konzentration.

3) In Abwesenheit von extracellulärem Na^+ stimmen Ruhepotential und K^+-Gleichgewichtspotential überein.

4) Das Natriumgleichgewichtspotential ist positiv, das Kaliumgleichgewichtspotential ist negativ.

Wählen Sie bitte unter den folgenden Aussagenkombinationen diejenige, die Sie für zutreffend halten.

A. Nur 1 und 2 sind richtig

B. Nur 2 und 3 sind richtig

C. Nur 2 und 4 sind richtig

D. Nur 3 und 4 sind richtig

E. Nur 1 und 3 sind richtig

12.15   12.2.7 (+)   Fragentyp A

Bei konstantem Ruhepotential ist der passive Natriumeinstrom gleich groß wie

A. der passive Kaliumeinstrom

B. der passive Kalium-Nettostrom

C. der aktive Natriumausstrom

D. der aktive Kaliumausstrom

E. der passive Claciumeinstrom

12.16   12.2.8 (+++)   Fragentyp A

Unmittelbar nach der Blockierung der oxydativen Phosphorylierung durch Stoffwechselgifte zeigt sich an einer Nervenfaser

A. ein Verlust der Erregbarkeit

B. ein Zusammenbruch des Ruhepotentials

C. eine Umkehr der Polarität des Aktionspotentials

D. keine Veränderung von Ruhe- und Aktionspotential

E. Spontanaktivität

12.17	12.2.8 (+++)	Fragentyp D

Beim aktiven Transport an der Nervenfaser werden Ionen
normalerweise in folgende Richtung transportiert:

1) Na^+ auswärts

2) Na^+ einwärts

3) K^+ auswärts

4) K^+ einwärts

Wählen Sie bitte unter den folgenden Aussagenkombinationen diejenige, die Sie für zutreffend halten.

A. Nur 1 und 4 sind richtig

B. Nur 2 und 3 sind richtig

C. Nur 1 und 3 sind richtig

D. Nur 2 und 4 sind richtig

E. Nur 4 ist richtig

12.18	12.2.8 (+++)	Fragentyp A

Welche der folgenden Aussagen über die Na^+-K^+-Pumpe
ist falsch?

A. Die Pumpe transportiert aktiv Na^+ aus dem Zell-
inneren nach außen.

B. Die Energie für die Pumpe stammt aus der Spaltung
von ATP.

C. Cyanid oder Dinitrophenol hemmen die Pumpe.

D. Die Pumpe transportiert aktiv K^+ von außen in das
Zellinnere.

E. Hemmung der Pumpe führt zu sofortiger Unerregbar-
keit von Nerven- und Muskelfasern.

12.19   12.3 (+++)   Fragentyp A

Zu welchem Zeitpunkt ist das Membranpotential einer Nervenfaser nahezu gleich dem Na^+-Diffusionspotential?

A. In der Ruhe

B. Am Schwellenpotential

C. Während der Anstiegsphase des Aktionspotentials

D. Auf dem Gipfel des Aktionspotentials

E. Während der abfallenden Phase des Aktionspotentials

12.20   12.3 (+++)   Fragentyp A

Welche der folgenden Aussagen über die erregbare Nervenmembran ist <u>falsch</u>?

A. Das Ruhepotential ist näherungsweise ein K^+-Diffusionspotential.

B. Die Anstiegsphase des Aktionspotentials beruht auf einer Zunahme der Membranleitfähigkeit für Na^+-Ionen.

C. Die Repolarisationsphase des Aktionspotentials beruht z.T. auf einer Abnahme der Na^+-Permeabilität.

D. Die Repolarisationsphase des Aktionspotentials beruht z.T. auf einer Zunahme der K^+-Permeabilität.

E. Die Amplitude des Aktionspotentials nimmt mit wachsender Reizstärke zu.

12.21   12.3.1 (+++)   Fragentyp A

Die Dauer des Aktionspotentials markhaltiger Nervenfasern des Warmblüters beträgt etwa:

A.   0,01 ms

B.   0,1 ms

C.   1   ms

D.   10   ms

E. 100   ms

12.22   12.3.1 (+++)   Fragentyp A

Welches Potential kann man während der Spitze des
Aktionspotentials von der Innenseite einer Aα -Faser
ableiten, wenn die Außenseite geerdet ist?

A. +40 mV

B. -40 mV

C. -58 mV

D. -70 mV

E. +70 mV

12.23   12.3.1 (+++)   Fragentyp A

Die Amplitude eines Aktionspotentials markhaltiger
Nervenfasern des Warmblüters beträgt etwa:

A. 100 μV

B.   1 mV

C. 10 mV

D. 70 mV

E. 110 mV

12.24   12.3.2 (++)   Fragentyp A

Welche Aussage ist falsch?

A. Das Aktionspotential einer Purkinje-Faser aus dem
   Herzen des Schafes dauert etwa 5 ms.

B. Das Aktionspotential einer motorischen Nervenfaser
   dauert etwa 1 ms.

C. Das Ruhepotential einer Skelettmuskelfaser liegt
   bei etwa -90 mV.

D. Das Aktionspotential einer Skelettmuskelfaser zeigt
   eine deutliche Nachdepolarisation.

E. Der Gipfel des Aktionspotentials einer Nervenfaser
   liegt bei etwa +40 mV.

| 12.25 | 12.3.3 (+++) | Fragentyp A |

Zwei in einer Nervenfaser aufeinander zulaufende Aktionspotentiale

A. verstärken sich durch Summation

B. laufen übereinander hinweg

C. laufen sich im Refraktärzustand der entgegenkommenden Erregung tot

D. werden am Ort der Begegnung um nicht mehr als 22,5 % verlangsamt

E. erfahren eine Beschleunigung, da die Stromschleifen saltatorisch die refraktäre Strecke überspringen

| 12.26 | 12.3.3 (+++) | Fragentyp A |

In der relativen Refraktärphase ist

A. die Anstiegssteilheit des Aktionspotentials vergrößert

B. die Schwelle erhöht und das Aktionspotential verkleinert

C. die Schwelle erhöht, aber das Aktionspotential unverändert

D. die Schwelle erniedrigt und das Aktionspotential unverändert

E. die Schwelle so stark erhöht, daß ein Aktionspotential nicht ausgelöst werden kann

| 12.27 | 12.3.5 (+++)
 12.3.7 (++) | Fragentyp D |

Die Repolarisationsphase des Aktionspotentials beruht auf einer

1) Abnahme der K^+-Permeabilität

2) Zunahme der Na^+-Permeabilität

3) Zunahme der K^+-Permeabilität

4) Abnahme der Na^+-Permeabilität

Wählen Sie bitte unter folgenden Aussagenkombinationen diejenige, die Sie für zutreffend halten.

A. Nur 1 und 2 sind richtig

B. Nur 2 und 3 sind richtig

C. Nur 1 und 3 sind richtig

D. Nur 1 und 4 sind richtig

E. Nur 3 und 4 sind richtig

12.28	12.3.9 (++)	Fragentyp B
12.29		

Beim Ruhe- und beim Spitzenpotential unterscheiden sich die Leitfähigkeiten g einer erregbaren Membran in charakteristischer Weise. Ordnen Sie den Zuständen der Liste 1 die richtigen Leitfähigkeitsverhältnisse der Liste 2 zu.

<u>Liste 1</u>

12.28 Ruhepotential

12.29 Spitzenpotential

<u>Liste 2</u>

A. g_K ist gleich g_{Na}

B. g_{Ca} ist größer als g_K

C. g_K ist kleiner als g_{Na}

D. g_{Na} ist kleiner als g_K

E. g_{Cl} ist größer als g_K

12.30	12.3.9 (++)	Fragentyp B
12.31		

Den beiden in Liste 1 angegebenen Phasen eines Aktionspotentials ist die zugehörige Änderung der Leitfähigkeit g der Membran (Liste 2) zuzuordnen.

<u>Liste 1</u>

12.30 Anstiegsphase des Aktionspotentials

12.31 Nachhyperpolarisation

<u>Liste 2</u>

A. g_K ist gegenüber dem Ruhewert erhöht

B. g_{Na} ist gegenüber dem Ruhewert erniedrigt

C. g_{Na} nimmt rasch zu

D. g_K nimmt rascher zu als g_{Na}

E. g_{Leck} ist gegenüber dem Ruhewert erniedrigt

12.32	12.4.2 (+++)	Fragentyp A

Wie ändert sich bei einer langgestreckten Zelle die
Amplitude eines langdauernden elektrotonischen Potentials mit der Entfernung vom Ort der Stromzuführung?

A. Sie bleibt konstant.

B. Sie nimmt proportional zur Entfernung zu.

C. Sie nimmt proportional zur Entfernung ab.

D. Sie nimmt proportional zum Quadrat der Entfernung
   zu.

E. Sie nimmt exponentiell mit der Entfernung ab.

12.33	12.4.2 (+++)	Fragentyp A

Die Amplitude eines langdauernden elektrotonischen
Potentials ist bei homogener Stromverteilung (z.B. in
einer kugeligen Zelle)

A. proportional der Membrankapazität

B. proportional dem Membranwiderstand

C. proportional der Membranleitfähigkeit

D. umgekehrt proportional dem zugeführten Strom

E. proportional der Stromflußzeit

12.34	12.4.3 (++)	Fragentyp D

Welche der folgenden Feststellungen über elektro-
tonische Erregbarkeitsänderungen treffen zu?

1) Schwacher Anelektrotonus führt zu einer Erregbar-
   keitssteigerung.

2) Schwacher Katelektrotonus führt zu einer Erregbar-
   keitsminderung.

3) Starker Anelektrotonus führt zu einer Erregbarkeits-
   steigerung.

4) Schwacher Katelektrotonus führt zu einer Erregbar-
   keitssteigerung.

5) Starker Anelektrotonus führt zu einer Erregbar-
   keitsminderung.

Wählen Sie bitte unter folgenden Aussagenkombinationen
diejenige, die Sie für zutreffend halten.

A. Nur 1 und 2 sind richtig

B. Nur 4 und 5 sind richtig

C. Nur 3 und 4 sind richtig

D. Nur 1, 2 und 3 sind richtig

E. Alle Aussagen sind falsch

12.35   12.4.4 (++)   Fragentyp B
12.36

Ordnen Sie den in Liste 1 aufgeführten Begriffen die
jeweils zutreffende Aussage in Liste 2 zu.

Liste 1	Liste 2
12.35 Chronaxie	A. Stromstärke der doppelten Rheobase.
12.36 Rheobase	B. Minimaler Reizstrom, der gerade eine Erregung auslöst.
	C. Maximum der Reiz-Zeit-Spannungskurve.
	D. Zeit bis zum Abfall eines elektrotonischen Potentials auf 37 % des Ausgangswertes.
	E. Nutzzeit der doppelten Rheobase.

12.37   12.4.4 (++)   Fragentyp A

Ein Stromstoß wirkt als Reiz, wenn

A. die Summe von Reizstrom und Natriumeinstrom größer
   ist als der Kaliumausstrom in Ruhe

B. durch ihn die Membrankapazität vermindert wird

C. er das Membranpotential über die Schwelle depolarisiert

D. er das Membranpotential nach 1 ms über die Schwelle
   depolarisiert

E. er den Kaliumausstrom reversibel erhöht

12.38   12.4.5 (++)   Fragentyp C

Ein rampenförmig ansteigender depolarisierender Gleich-
strom, der bei großer Anstiegssteilheit eine Erregung
auslöst, kann bei langsamer Anstiegssteilheit ohne
Erfolg bleiben,

<u>weil</u>

durch den langsamen Anstieg des Katelektrotonus die
Membranleitfähigkeit herabgesetzt wird.

12.39   12.4.6 (+)   Fragentyp A

Wechselströme von mehr als 10^5Hz sind selbst bei relativ hohen Stromstärken unterschwellig, weil

A. die Nervenfasern reine Widerstandsleiter sind

B. die Umladung der Membrankapazitäten relativ viel
   Zeit benötigt

C. die Erregungsbildung durch Gewebserwärmung gehemmt
   wird

D. die Anstiegssteilheit des Reizstromes nicht aus-
   reicht, um die infolge Akkommodation fortlaufende
   Schwelle zu erreichen

E. der Membranwiderstand bei dieser hohen Frequenz
   stark ansteigt

12.40   12.5 (+++)   Fragentyp B
12.41

Ordnen Sie die jeweils am besten zutreffende Aussage
in Liste 2 den beiden folgenden Typen von Nervenfasern
in Liste 1 zu:

Liste 1	Liste 2
12.40 Marklose Nervenfasern	A. Leitungsgeschwindigkeit des Aktionspotentials um 1 m/s
12.41 Markhaltige Nervenfasern	B. sind die Axone sowohl der α- als auch der γ-Motoneurone
	C. Refraktärzeit bei 37°C deutlich kürzer als 0,1 ms

D. Keine Änderung der Leitungsgeschwindigkeit bei Änderung
der Temperatur

E. Unempfindlichkeit gegen Lokalanaesthetica vom Typ des
Novocain

12.42   12.5.1 (++)   Fragentyp A

Aus welcher Quelle wird der Strom gespeist, der beim
fortgeleiteten Aktionspotential die Membran an einer
noch nicht erregten Stelle bis zur Schwelle depolarisiert? Stromquelle ist

A. die treibende Kraft für die Kalium-Ionen

B. der Natrium-Einstrom der noch nicht erregten
Membranstelle

C. der Natrium-Einstrom einer benachbarten schon
erregten Membranstelle

D. das Axoplasma der Zelle

E. der Ca^{++}-Einstrom der transversalen Tubuli

12.43   12.5.2 (+++)   Fragentyp A

In marklosen Nervenfasern (Gruppe IV-Fasern, C-Fasern)
wird

A. das Aktionspotential kontinuierlich anhand der
elektrotonisch ausgreifenden Ausgleichsströme vom
erregten zum benachbarten unerregten Membranab-
schnitt weitergeleitet

B. das Aktionspotential nur mit Dekrement elektrotonisch entlang der Faser bis zur nächsten Synapse
weitergeleitet

C. das Aktionspotential immer schneller als mit 3 m/s
weitergeleitet

D. kein Aktionspotential geleitet

E. die Erregung von einer Lantermannschen Einkerbung
zur nächsten saltatorisch weitergegeben

12.44   12.5.3 (+++)   Fragentyp C

Bei markhaltigen Nervenfasern wird das Aktionspotential
über die Internodien mit sehr hoher Geschwindigkeit
fortgeleitet,

<u>weil</u>

durch die isolierende Myelinschicht die Membrankapazität stark erniedrigt und der Membranwiderstand stark
erhöht wird.

12.45   12.5.4 (++)   Fragentyp A

Vergleicht man zwei markhaltige Nervenfasern mit unterschiedlich großem Durchmesser, so ist bei der Faser
mit größerem Durchmesser

A. die Erregungsfortleitung langsamer

B. die Membrankapazität höher

C. die Ausbreitung des elektrotonischen Potentials
   langsamer

D. der Innenwiderstand längs der Faser niedriger

E. die Membranzeitkonstante länger

12.46   12.5.5 (++)   Fragentyp A

Novocain und andere Lokalanaesthetica hemmen die Fortleitung des Aktionspotentials wahrscheinlich durch

A. starke Erhöhung der Kaliumleitfähigkeit und damit
   "Festklemmen" des Membranpotentials beim Kaliumgleichgewichtspotential

B. Blockierung der Na^+-K^+-Pumpen

C. Depolarisation des Membranpotentials auf weniger
   als -50 mV, wodurch das Natriumsystem inaktiviert
   wird

D. Blockierung der regenerativen Natriumleitfähigkeit
   (des Natriumsystems)

E. Komplexbildung mit den für die Erregung unent-
   behrlichen Ca^{++}-Ionen

12.47	12.5.6 (++)	Fragentyp B
12.48		
12.49		

Ordnen Sie den in Liste 1 aufgeführten Nervenfasern die jeweils zutreffende Beschreibung aus Liste 2 zu.

Liste 1

12.47 Primäre Muskelspindelafferenzen

12.48 Axone der α-Motoneurone

12.49 Hautafferenzen von Pacinikörperchen

Liste 2

A. Efferente Fasern, Leitungsgeschwindigkeit 10 m/s

B. Gruppe I-Fasern, Durchmesser um 12 μm, Leitungsgeschwindigkeit 75 m/s

C. Gruppe II-Fasern, Soma im Hinterwurzelganglion, Leitungsgeschwindigkeit um 50 m/s

D. ziehen durch die Vorderwurzel, Leitungsgeschwindigkeit um 75 m/s, Überträgerstoff an den Endigungen Acetylcholin

E. ziehen durch die Hinterwurzel, marklos, Leitungsgeschwindigkeit kleiner als 2,5 m/s

12.50	12.6.3 (+++)	Fragentyp A
	12.6.1 (++)	

Welche der folgenden Aussagen über chemische Synapsen ist **falsch**?

A. Die synaptische Verzögerung beträgt rund 0,1 ms.

B. Die Synapse hat eine Ventilfunktion, d.h. sie leitet Erregung nur in einer Richtung weiter.

C. Erregung der präsynaptischen Endigung setzt eine Transmittersubstanz frei.

D. Die subsynaptische Membran liegt auf der postsynaptischen Seite der Synapse.

E. Der synaptische Spalt kommt bei chemischen Synapsen nicht vor. Es gibt ihn nur bei elektrischen Synapsen.

12.51	12.7.1 (+++)	Fragentyp C

Das Endplattenpotential ist immer größer als das
Aktionspotential,

<u>weil</u>

das Acetylcholin nach Freisetzung an der präsynaptischen Membran einwirkt und dadurch viele Na^+-Ionen
in die Zelle strömen können.

12.52	12.7.2 (+++)	Fragentyp A

Das Endplattenpotential einer Muskelfaser entsteht
durch kurzzeitige Erhöhung der Leitfähigkeit der subsynaptischen Membran für

A. Na^+- und K^+-Ionen

B. Na^+- und Cl^--Ionen

C. Acetylcholin

D. Na^+-Ionen allein

E. Cholinesterase

12.53	12.7.3 (+)	Fragentyp D

Welche der folgenden Faktoren vergrößern bei einem
in vitro Versuch mit einem Nerv-Muskel-Präparat die
Zahl der pro präsynaptischem Aktionspotential freige-
setzten Überträgerstoff-Quanten?

1) Abnahme der Ca^{++}-Konzentration in der Badelösung

2) Zugabe von Cholinesterasehemmstoffen in die Badelösung

3) Zunahme der Amplitude des präsynaptischen Aktionspotentials

4) Zugabe von Curare in die Badelösung

5) Abnahme der Mg^{++}-Konzentration in der Badelösung

Wählen Sie bitte unter den folgenden Aussagenkombinationen diejenige, die Sie für zutreffend halten.

A. Nur 1, 2 und 5 sind richtig

B. Nur 2, 3 und 4 sind richtig

C. Nur 3 und 5 sind richtig

D. Nur 1 und 5 sind richtig

E. Nur 3, 4 und 5 sind richtig

12.54   12.7.3 (+)   Fragentyp A
____

Welche der folgenden Aussagen über Miniaturendplatten-
potentiale (Min.EPP) treffen zu?

A. Die Min.EPP werden durch die Freisetzung eines
   Moleküls ACh verursacht.

B. Die Frequenz der Min.EPP ist unabhängig vom Membranpotential der präsynaptischen Endigung.

C. Der Zeitverlauf der Min.EPP ist ähnlich dem des
   normalen Endplattenpotentials.

D. Cholinesterasehemmstoffe lassen die Min.EPP unverändert.

E. Die Min.EPP verbessern die synaptische Übertragung.

12.55   12.7.3 (+)   Fragentyp A
____

Welcher der folgenden Befunde an der Endplatte stützt
die Hypothese, daß die präsynaptischen Vesikel den
Überträgerstoff enthalten?

A. Für die Freisetzung von Acetylcholin ist die
   Anwesenheit von Ca^{++} notwendig.

B. An der Endplatte treten in Ruhe Miniaturendplatten-
   potentiale (Min.EPP) auf.

C. Die Min.EPP werden in zufälliger Reihenfolge freigesetzt.

D. Der Überträgerstoff wird immer in ganzzahligen
   Vielfachen einer Mindestmenge freigesetzt.

E. Abnahme des präsynaptischen Ruhepotentials erhöht
   die Frequenz der Min.EPP.

12.56	12.7.4 (+++)	Fragentyp C

Hemmung der Cholinesterase verkürzt die Dauer des Endplattenpotentials beträchtlich,

weil

Acetylcholin durch die Esterase-Hemmstoffe kompetitiv
von seinen subsynaptischen Receptoren verdrängt wird.

12.57	12.7.4 (+++)	Fragentyp B
12.58	12.7.5 (+++)	
12.59		

Ordnen Sie die jeweils am besten zutreffende Aussage in
Liste 2 den Pharmaka in Liste 1 zu.

Liste 1

12.57 Esterasehemmstoff

12.58 Succinylcholin

12.59 Curare

Liste 2

A. Verhindert die Synthese von Acetylcholin in den präsynaptischen Endigungen der motorischen Endplatte.

B. Blockiert die neuromuskuläre Übertragung durch
Dauerdepolarisation der subsynaptischen Membran.

C. Hemmt die Impulsfortleitung in dem präsynaptischen
Anteil der motorischen Endplatte.

D. Verlängert den Zeitverlauf des Endplattenpotentials.

E. Blockiert die neuromuskuläre Übertragung durch
kompetitive Verdrängung des Acetylcholin von seinen
subsynaptischen Receptoren.

12.60	12.7.5 (+++)	Fragentyp D

Welche der folgenden Aussagen treffen zu? Bei einer
Curare-Vergiftung

1) ist die präsynaptische Synthese des Acetylcholin
(ACh) nicht wesentlich verändert

2) ist die Spaltung des ACh nach seiner Freisetzung in
den synaptischen Spalt stark verlangsamt

3) kommt es zu einer Verdrängung des ACh vom subsynaptischen Receptor

4) verschiebt sich das Gleichgewichtspotential des
   Endplattenpotentials zum Ruhepotential

5) verlangsamt sich der Zeitverlauf des Endplattenpotentials erheblich

Wählen Sie bitte unter den folgenden Aussagenkombinationen diejenige, die Sie für zutreffend halten.

A. Nur 1, 2 und 5 sind richtig

B. Nur 1 und 3 sind richtig

C. Nur 2 und 5 sind richtig

D. Nur 1, 3 und 4 sind richtig

E. Nur 3, 4 und 5 sind richtig

12.61   12.8 (+++)   Fragentyp A

Welche Stelle der Nervenzelle hat die niedrigste
Schwelle für ein fortgeleitetes Aktionspotential?

A. Die Dendriten

B. Das Soma

C. Der Axonhügel

D. Das Axon

E. Alle unter A bis D genannten Stellen haben die
   gleiche Schwelle

12.62   12.8.1 (+++)   Fragentyp A

Die Gesamtdauer eines inhibitorischen postsynaptischen
Potentials (IPSP) im Motoneuron beträgt

A. 1 - 2 ms

B. 10 - 12 ms

C. etwa 100 ms

D. etwa 200 ms

E. etwa 350 ms

12.63   12.8.1 (+++)   Fragentyp A

Die Gesamtdauer eines erregenden postsynaptischen
Potentials (EPSP) im Motoneuron beträgt etwa

A.   2 ms

B.   15 ms

C. 100 ms

D. 200 ms

E. 500 ms

12.64   12.8.1 (+++)   Fragentyp D
                         12.8.5 (++)

Während der Einwirkung des erregenden Transmitters
kommt es an der subsynaptischen Membran einer erregenden Synapse am Motoneuron zu einer

1) kurzzeitigen Erhöhung der K^+-Leitfähigkeit

2) kurzzeitigen Erhöhung der Na^+-Leitfähigkeit

3) kurzzeitigen Erhöhung der Cl^--Leitfähigkeit

4) kurzzeitigen Erniedrigung der K^+-Leitfähigkeit

Wählen Sie bitte unter den folgenden Aussagenkombinationen diejenige, die Sie für zutreffend halten.

A. Nur 2, 3 und 4 sind richtig

B. Nur 1, 3 und 4 sind richtig

C. Nur 1, 2 und 3 sind richtig

D. Nur 2 und 4 sind richtig

E. Nur 1 und 3 sind richtig

12.65   12.8.2 (++)   Fragentyp A

In einer Neuronenpopulation führte die Aktivierung
eines Nerven zu überschwelliger Erregung von 22 Neuronen, eines anderen Nerven zu überschwelliger Erregung
von 10 Neuronen. Gemeinsame gleichzeitige Aktivierung
beider Nerven ergab eine überschwellige Aktivierung
von 42 Neuronen. Dieses Ergebnis bezeichnet man als

A. Occlusion

B. Bahnung

C. Posttetanische Potenzierung

D. Erregende Rückkopplung

E. Konvergenz

12.66   12.8.3 (+++)   Fragentyp D

Ein hemmendes (inhibitorisches) postsynaptisches
Potential (IPSP) hemmt ein Neuron, weil es

1) das Membranpotential hyperpolarisiert

2) zu einer verminderten Überträgersubstanzfreisetzung
   an erregenden Synapsen führt

3) die Schwelle des Neurons verändert

4) die Leitfähigkeit der Membran (für K^+- und Cl^--
   Ionen) erhöht

Wählen Sie bitte unter den folgenden Aussagenkombinationen diejenige, die Sie für zutreffend halten.

A. Nur 1 ist richtig

B. Nur 1 und 3 sind richtig

C. Nur 2 und 3 sind richtig

D. Nur 1 und 4 sind richtig

E. Nur 3 und 4 sind richtig

12.67   12.8.3 (+++)   Fragentyp A

Depolarisation einer Nervenzelle auf -50 mV

A. verkürzt die Dauer des erregenden postsynaptischen
   Potentials (EPSP) beträchtlich

B. erhöht die Amplitude des hemmenden (inhibitorischen)
   postsynaptischen Potentials (IPSP)

C. verhindert ein Entstehen eines erregenden postsynaptischen Potentials (EPSP)

D. erhöht die Amplitude des erregenden postsynaptischen
   Potentials (EPSP)

E. läßt EPSP und IPSP unverändert

12.68   12.8.3 (+++)   Fragentyp A

Hyperpolarisation einer Motoneuronenmembran über das
Kaliumgleichgewichtspotential

A. läßt das IPSP (inhibitorische postsynaptische
   Potential) unverändert

B. verkürzt die Dauer des IPSP beträchtlich

C. verlängert die Dauer des IPSP beträchtlich

D. verhindert ein Entstehen des IPSP

E. Keine der Aussagen A - D ist richtig

12.69   12.8.4 (++)   Fragentyp A

Wieviel zentrale Synapsen hat der Reflexbogen der
direkten Hemmung (Reflexbogen der Ia-Fasern auf
antagonistische Motoneuronen)?

A. Keine

B. Eine

C. Zwei

D. Drei

E. Viele

12.70   12.8.5 (++)   Fragentyp A

Während der Einwirkung des hemmenden Transmitters
kommt es an der subsynaptischen Membran einer hemmenden
Synapse eines Motoneurons

A. zu einer Erhöhung der K^+- und Cl^--Leitfähigkeit

B. zu einer Abnahme der Na^+-Leitfähigkeit

C. zu keiner Leitfähigkeitsänderung für Kationen

D. zu einem Durchtritt von großen Anionen

E. zu einer lokalen Depolarisation

12.71   12.8.5 (++)   Fragentyp A

Bei welchem Membranpotential liegt etwa des Gleichgewichtspotential des erregenden postsynaptischen

Potentials (EPSP)?

A. Bei -100 mV

B. Bei -80 mV

C. Bei -15 mV

D. Bei +40 mV

E. Das EPSP hat kein Gleichgewichtspotential

12.72   12.8.6 (+)   Fragentyp D

Bei der präsynaptischen Hemmung eines Motoneurons

1) wird das erregende postsynaptische Potential (EPSP)
   kleiner, ohne daß es zu einer Hyperpolarisation der
   Motoneuronenmembran kommt

2) sind die Na^+- und K^+-Leitfähigkeiten der Membran
   des Motoneurons unverändert

3) wird aus den präsynaptischen Nervenendigungen
   weniger Überträgersubstanz freigesetzt

4) steigt die Erregungsschwelle des Motoneurons stark
   an

Wählen Sie bitte unter den folgenden Aussagenkombinationen diejenige, die Sie für zutreffend halten.

A. Nur 1, 2 und 3 sind richtig

B. Nur 2 und 3 sind richtig

C. Nur 1 und 4 sind richtig

D. Nur 2 und 4 sind richtig

E. Nur 2, 3 und 4 sind richtig

12.73	12.9.1 (+++)	Fragentyp A

Als Dalesches Prinzip bezeichnet man den Befund, daß

A. alle präsynaptischen Endigungen eines Neurons die gleiche Überträgersubstanz freisetzen

B. die Überträgersubstanz an allen motorischen Endplatten immer Acetylcholin ist

C. in vegetativen Ganglien Acetylcholin sowohl im Sympathicus als auch im Parasympathicus als Überträgersubstanz wirkt

D. jedes Neuron sowohl an Divergenz als auch an Konvergenz beteiligt ist

E. jede Überträgersubstanz nur kurze Zeit an der subsynaptischen Membran wirkt

12.74	12.9.2 (++)	Fragentyp B
12.75	12.9.3 (++)	
12.76		

Ordnen Sie die jeweils am besten zutreffende Aussage in Liste 2 den Überträgersubstanzen (Transmittern) in Liste 1 zu.

Liste 1

12.74 Acetylcholin

12.75 Glycin

12.76 γ-Aminobuttersäure (GABA)

Liste 2

A. hemmt am Herzen (Vagus), erregt an der neuromuskulären Endplatte

B. erregt am Herzen (Sympathicus), erregt an der neuromuskulären Endplatte, erregt in vegetativen Ganglien

C. wirkt ausschließlich an elektrischen Synapsen

D. wirkt als Überträgerstoff an allen zentralen erregenden (chemischen) Synapsen

E. ist wahrscheinlich ein hemmender Transmitter an verschiedenen Stellen des Zentralnervensystems

12.77	12.9.4 (++)	Fragentyp A

Strychnin ruft Konvulsionen hervor, weil es

A. eine erregende Wirkung auf Motoneuronen hat

B. Nachentladungen in Motoaxonen hervorruft

C. die postsynaptische Hemmung blockiert

D. die Überträgersubstanzfreisetzung an erregenden Synapsen erhöht

E. die präsynaptische Hemmung blockiert

12.78	12.10.2 (+++)	Fragentyp A

Welche Permeabilitätsänderung der Receptormembran liegt dem Generatorpotential zugrunde?

A. Selektive Abnahme der K^+-Permeabilität

B. Selektive Zunahme der Na^+-Permeabilität

C. Nichtselektive Zunahme der Permeabilität für kleine Kationen (Na^+, K^+)

D. Nichtselektive Zunahme der Permeabilität für kleine Ionen (Na^+, K^+, Cl^-, Ca^{++}, Mg^{++})

E. Selektive Zunahme der Cl^--Permeabilität

12.79	12.10.2 (+++)	Fragentyp D

Welche der folgenden Aussagen sind zutreffend? Das Receptorpotential

1) ist eine Alles-oder-Nichts-Antwort einer Receptorzelle, die erst bei Reizen oberhalb einer Reizschwelle entsteht

2) ist eine Depolarisation der receptiven Membran, deren Amplitude um so größer ist, je höher die Reizstärke ist

3) breitet sich elektrotonisch zur Axonmembran aus und wirkt dort als Generator für fortgeleitete Aktionspotentiale

4) entsteht durch Leitwerterhöhung spezifisch für H^+-Ionen

5) steigt bei konstanten Reizen langsam an und dauert gleich lang wie der Reiz

Wählen Sie bitte unter den folgenden Aussagenkombinationen diejenige, die Sie für zutreffend halten.

A. Nur 1 und 2 sind richtig

B. Nur 3 und 4 sind richtig

C. Nur 4 und 5 sind richtig

D. Nur 2 und 3 sind richtig

E. Nur 1, 4 und 5 sind richtig

12.80	12.10.3 (+++)	Fragentyp D

Welche der folgenden Aussagen sind zutreffend? Die Entladungsfrequenz im afferenten Axon vieler Receptoren

1) nimmt zu bei wachsender Reizintensität

2) nimmt zu im Verlauf eines Reizes konstanter Intensität

3) nimmt ab im Verlauf eines Reizes konstanter Intensität

4) ist Null bei unterschwelliger Reizstärke

5) hängt nicht von der Größe des Receptorenpotentials ab

Wählen Sie bitte unter den folgenden Aussagenkombinationen diejenige, die Sie für zutreffend halten.

A. Nur 1, 2 und 3 sind richtig
B. Nur 2, 3 und 4 sind richtig
C. Nur 1, 3 und 4 sind richtig
D. Nur 4 und 5 sind richtig
E. Nur 2 und 5 sind richtig

Kapitel 13
Muskelphysiologie (R. Rüdel)

Die drei Arten von Muskulatur (Skelett-, Herz- und
glatter Muskel) haben folgendes gemeinsam:

1) Depolarisation der Zellmembranen führt zur
   Kontraktion.

2) Zur Auslösung der Kontraktion muß die intracelluläre Ca-Konzentration ansteigen.

3) Das unmittelbare Substrat der Energiegewinnung
   ist ATP.

4) Die contractilen Eiweiße sind Actin und Myosin.

Wählen Sie bitte die zutreffende Aussagenkombination.

A. Nur 1 und 3 sind richtig

B. Nur 2 und 4 sind richtig

C. Nur 1, 2 und 3 sind richtig

D. Nur 1, 3 und 4 sind richtig

E. 1, 2, 3 und 4 sind richtig

| 13.02 | 13.1.1 (+++) | Fragentyp B |
| 13.03 | | |

Ordnen Sie bitte jedem der in Liste 1 genannten Muskeln
die für ihn charakteristische Eigenschaft (Liste 2) zu.

Liste 1	Liste 2
13.02 Skelettmuskel	A. Syncytialer Zellaufbau
13.03 Visceraler glatter Muskel	B. Aktionspotentialdauer etwa gleich Kontraktionsdauer
	C. Neurogene Erregung
	D. Inotropie bei Adrenalineinwirkung
	E. Glanzstreifen

| 13.04 | 13.1.2 (++) | Fragentyp A |

Welche Aussage trifft zu? Zur Klasse der Muskeln mit
neurogener Erregung gehört

A. der Herzmuskel

B. die Darmwandmuskulatur

C. die intraoculäre Muskulatur

D. die Wandmuskulatur der Harnblase

E. keine der Angaben trifft zu

| 13.05 | 13.1.3 (++) | Fragentyp A |

Welche Aussage trifft _nicht_ zu? Tonische Skelettmuskeln
unterscheiden sich von phasischen Skelettmuskeln

A. in ihrer Funktion als Haltemuskeln

B. in ihrer Enzymausstattung

C. durch einen geringeren Myoglobingehalt

D. durch eine längere Kontraktionszeit

E. in ihrer Innervation

13.06   13.2.1 (+++)   Fragentyp A

Welche Aussage trifft zu? Der hervorstechendste Unterschied in den passiven Eigenschaften von Skelettmuskel und glattem Muskel ist, daß der Skelettmuskel

A. passiver Dehnung keine Kraft entgegensetzt

B. elastischer ist

C. weniger elastisch ist

D. plastischer ist

E. weniger plastisch ist

13.07   13.2.2 (+++)   Fragentyp C

Die Einzelkontraktion des Gesamtmuskels zeigt kein Alles-oder-Nichts-Verhalten,

weil

bei rasch wiederholten Reizen (> 10 Hz) eine Kontraktionssteigerung durch Summation erfolgt.

13.08   13.2.3 (+++)   Fragentyp E

In welchem Teil der Abbildung ist die Bedingung für den Kontraktionstyp der Unterstützungszuckung wiedergegeben?

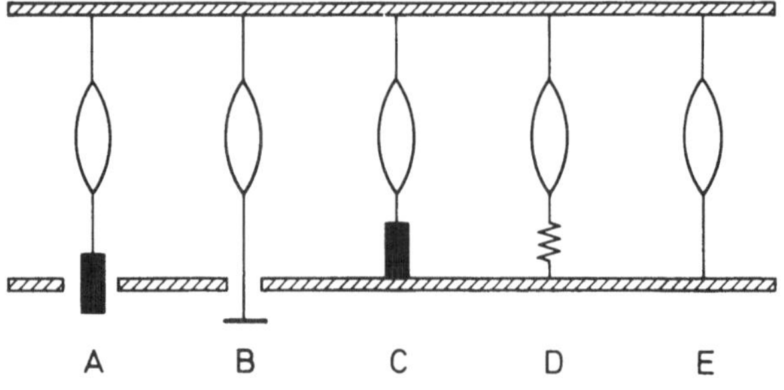

13.09   13.2.4 (++)   Fragentyp E

In welcher Abbildung ist die Abhängigkeit der isometrischen Maxima von der Muskellänge dargestellt?

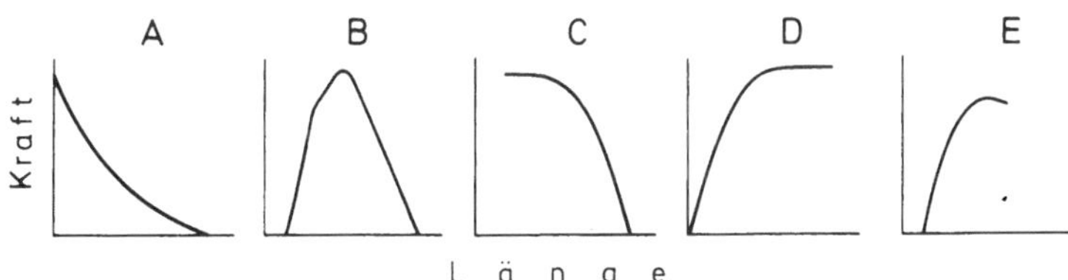

13.10   13.2.5 (++)   Fragentyp A

Welche Aussage trifft zu? Die contractile Muskelkraft
ist

A. der Verkürzungsgeschwindigkeit proportional

B. bei mittlerer Verkürzungsgeschwindigkeit am größten

C. bei mittlerer Verkürzungsgeschwindigkeit am
   kleinsten

D. um so kleiner, je größer die Verkürzungsgeschwindigkeit

E. unabhängig von der Verkürzungsgeschwindigkeit

13.11   13.2.5 (++)   Fragentyp A

Welche Aussage trifft zu? Die physikalische Leistung,
welche ein Skelettmuskel erbringen kann, ist

A. am größten, wenn der Muskel unbelastet ist

B. am größten, wenn die Belastung der maximalen Kraft
   des Muskels entspricht

C. am größten bei einer isometrischen Kontraktion

D. am größten, wenn die Belastung etwa 1/3 der maximalen Muskelkraft beträgt

E. von der Belastung unabhängig

13.12	13.2.6 (+)	Fragentyp A

Welche Aussage trifft zu? Die Totenstarre der Muskulatur wird hervorgerufen durch

A. Dauerdepolarisation

B. Milchsäureansammlung

C. Sauerstoffmangel

D. Mangel an ATP

E. Versagen der retikulären Ca-Pumpe

13.13	13.3.1 (+++)	Fragentyp C

Bei der Verkürzung eines Skelettmuskels nimmt die Länge der A-Banden ab,

<u>weil</u>

sich die Myofilamente teleskopartig gegeneinander verschieben.

13.14 13.15	13.3.1 (+++)	Fragentyp E

Suchen Sie bitte in der Schemazeichnung des Sarkomeraufbaus die Buchstabenbezeichnung für

13.14 die I - Bande

13.15 die Myosinfilamente

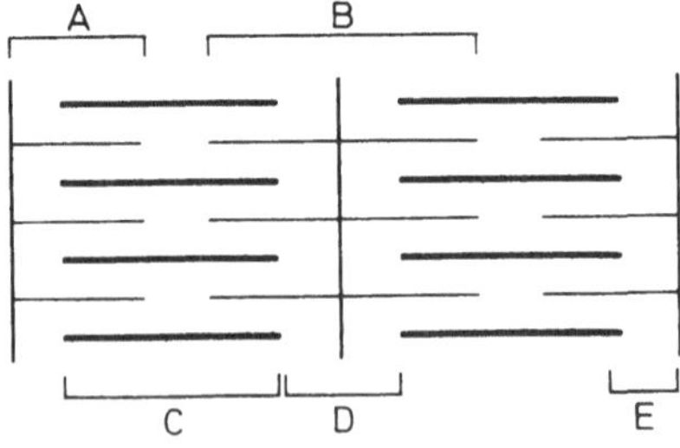

13.16   13.3.1 (+++)   Fragentyp A

Welche Aussage trifft zu? Bei einer isotonen Muskelkontraktion verkürzen sich

A. nur die Actinfilamente

B. nur die Myosinfilamente

C. die Actin- und die Myosinfilamente

D. die A-Banden

E. keine der Angaben trifft zu

13.17   13.3.2 (++)   Fragentyp A

Welche Aussage trifft zu? Das für die elektromechanische Kopplung wichtigste Ion ist

A. Ca^{++}

B. Mg^{++}

C. Cl^-

D. Na^+

E. K^+

13.18   13.3.2 (++)   Fragentyp D

Bei der elektromechanischen Kopplung der Skelettmuskelfaser

1) diffundiert Ca^{++} durch das transversale tubuläre
   System ins Faserinnere
2) wird über das transversale tubuläre System ein
   elektrisches Signal ins Faserinnere geleitet
3) wird aus dem transversalen System Ca^{++} in das
   Sarkoplasma freigesetzt
4) wird aus dem longitudinalen System Ca^{++} in das
   Sarkoplasma freigesetzt
5) wird sarkoplasmatisches Ca^{++} unter Verbrauch von
   ATP ins transversale System gepumpt
6) wird durch Anstieg der sarkoplasmatischen Ca^{++}-
   Konzentration die Interaktion von Actin und Myosin
   enthemmt

Wählen Sie bitte die zutreffende Aussagenkombination.

A. Nur 1 und 3 sind richtig
B. Nur 2 und 4 sind richtig
C. Nur 2 und 5 sind richtig
D. Nur 1, 3 und 6 sind richtig
E. Nur 2, 4 und 6 sind richtig

13.19   13.3.3 (+)   Fragentyp A

Welche Aussage trifft <u>nicht</u> zu? Die Interaktion von
Actin und Myosin

A. erfolgt über Fortsätze der Myosinfilamente
B. ist die krafterzeugende Reaktion der Muskelkon-
   traktion
C. ist nur in Gegenwart von ATP möglich
D. muß für die Muskelerschlaffung unterbrochen werden
E. wird durch Ca^{++} gehemmt

13.20	13.3.4 (++)	Fragentyp A

Welche Aussage trifft <u>nicht</u> zu? Die durch Muskelkontraktion freiwerdende Wärme

A. wird zu einem großen Teil erst nach Beendigung der Kontraktion frei

B. ist ihrer Menge nach stets größer, als die während der Kontraktion geleistete Arbeit

C. entstammt chemischen Reaktionen, die unter isothermen und isobaren Bedingungen ablaufen

D. entstammt endergonen Prozessen

E. ist ein wesentlicher Faktor der Wärmeproduktion des Körpers

13.21	13.3.4 (++)	Fragentyp A

Welche Aussage trifft zu? Während der aeroben Energiegewinnung des Skelettmuskels ist das unmittelbare Substrat

A. Glykogen

B. Adenosintriphosphat

C. Kreatinphosphat

D. Pyruvat

E. Lactat

13.22   13.4.1 (+++)   Fragentyp A

Welche Aussage trifft zu? Als motorische Einheit bezeichnet man

A. die Gesamtheit der Muskeln, welche synergistisch
   auf ein bestimmtes Gelenk wirken

B. die Erregungssynchronisation des Gesamtmuskels bei
   großer Spannungsentwicklung

C. ein Motoneuron samt allen von ihm innervierten
   Muskelfasern

D. eine intrafusale Muskelfaser samt allen mit ihr
   verschalteten extrafusalen Fasern

E. die maximale durch Einzelreiz auslösbare Kon-
   traktionsamplitude

13.23   13.4.2 (+++)   Fragentyp D

Innervatorische Abstufung der Muskelkontraktion erfolgt durch Variation

1) der Erregungsfrequenz

2) des Endplattenpotentials

3) der Größe der erregten motorischen Einheiten

4) der Zahl der erregten motorischen Einheiten

Wählen Sie bitte die zutreffende Aussagenkombination.

A. Nur 1 ist richtig

B. Nur 1 und 4 sind richtig

C. Nur 3 und 4 sind richtig

D. Nur 1, 3 und 4 sind richtig

E. 1, 2, 3 und 4 sind richtig

13.24   13.4.3 (+)   Fragentyp A

Welche Aussage trifft <u>nicht</u> zu? Die physiologische
Erregungsfrequenz der motorischen Einheit eines
Skelettmuskels

A. übersteigen bei höchster Kraftanstrengung 200 Hz

B. liegen bei tonischer Tätigkeit zwischen 5 und 30 Hz

C. sind bei völliger Muskelruhe alle Null

D. werden zur Kraftabstufung variiert

E. lassen sich mit Hilfe der Elektromyographie bestimmen

13.25   13.4.4 (++)   Fragentyp A

Welche Aussage trifft zu? Mit Hilfe der Elektromyographie untersucht man an der Skelettmuskulatur

A. das Ruhepotential

B. die Erregung

C. die elektromechanische Kopplung

D. die Kontraktionsfähigkeit

E. die Reizschwelle

13.26   13.4.5 (+)   Fragentyp B
13.27

Ordnen Sie bitte jeder der in Liste 1 genannten Muskelfasern ihre efferente Innervation (Liste 2) zu.

Liste 1   Liste 2

13.26 Intrafusale   A. Aα-Faser
      Muskelfaser
                                B. Aγ-Faser
13.27 Extrafusale
      Muskelfaser   C. Ia-Faser

                                D. Ib-Faser

                                E. C-Faser

13.28   13.5.1 (+++)   Fragentyp A

Welche Aussage trifft nicht zu? Folgende glatte Muskeln
werden sowohl von cholinergen als auch von adrenergen
Nerven innerviert

A. Darmwandmuskulatur   D. Ciliarmuskel

B. Blasenwandmuskulatur   E. Lungengefäßmuskulatur

C. Magenwandmuskulatur

13.29	13.5.2 (++)	Fragentyp C

Atropin hemmt an den Synapsen der postganglionären parasympathischen Neurone die Übertragung,

<u>weil</u>

es an den postsynaptischen Receptoren kompetitiv mit Acetylcholin um die Bindung konkurriert.

13.30	13.5.3 (++)	Fragentyp A

Welche Aussage trifft zu? Die unterschiedlichen Effekte, die durch adrenerge Nerven an den verschiedenen glatten Muskeln vermittelt werden, kommen dadurch zustande, daß

A. es zwei Sorten von adrenergen Überträgerstoffen gibt

B. es zwei Sorten von adrenergen Receptoren gibt

C. nicht alle glatten Muskeln Doppelinnervation besitzen

D. es zwei verschiedene Arten des Catecholaminabbaus gibt

E. adrenerge Effekte selektiv blockiert werden können

13.31	13.5.3 (++) 13.5.4 (+++)	Fragentyp C

Adrenalin vermag die Kontraktionskraft des Herzmuskels zu steigern,

<u>weil</u>

es das Schrittmacherpotential versteilert.

In welcher Abbildung ist der Zeitablauf der Membran-
potentialschwankungen von Schrittmacherzellen in
spontan aktiver Darmmuskulatur dargestellt?

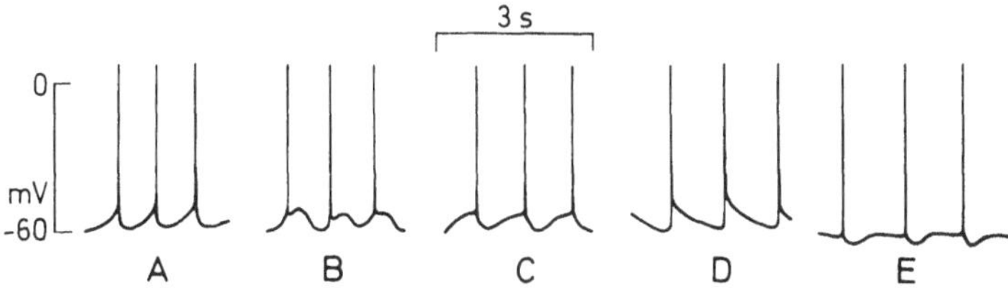

Kapitel 14
Spinale Sensomotorik (R. F. Schmidt)

Tonische α-Motoneurone

A. innervieren nur glatte Muskeln

B. hemmen die Renshaw-Zellen

C. innervieren extrafusale Muskelfasern

D. versorgen vor allem die statischen intrafusalen
   Fasern der Muskelspindeln

E. kommen nur in den Augenmuskelkernen (Oculomotorius,
   Abducens, Trochlearis) vor

Welche der folgenden Aussagen charakterisiert am zutreffendsten den Unterschied zwischen phasischen und
tonischen α-Motoneuronen?

A. Phasische Motoneurone versorgen die extrafusale,
   tonische Motoneuronen die intrafusale Muskulatur.

B. Die Axone phasischer Motoneurone enden als Endplatten, die Axone tonischer Motoneurone als End-
   netze.

C. Phasische Motoneurone sind größer und haben eine
   höhere Schwelle als tonische Motoneurone.

D. Phasische Motoneurone neigen mehr zu Spontanaktivität
   als tonische Motoneurone.

E. Bei phasischen Motoneuronen entsteht ein fortgeleitetes Aktionspotential gewöhnlich am Axonhügel,
   bei tonischen in den Dendriten.

| 14.03 | 14.1.1 (+++) | Fragentyp B |
| 14.04 | | |

Welche Aussage aus Liste 2 trifft jeweils am besten für
die in Liste 1 genannten Motoneuronen zu?

<u>Liste 1</u>   <u>Liste 2</u>

14.03 α-Motoneuron   A. inerviert intrafusale Muskel-
                          fasern und hat keinen Einfluß
14.04 γ-Motoneuron   auf den Tonus des Muskels

                       B. Inerviert extrafusale Muskel-
                          fasern und kann sowohl gehemmt
                          als auch gebahnt werden

                       C. inerviert das Golgi-Sehnen-
                          organ und beeinflußt darüber
                          den Spannungszustand des
                          Muskels

                       D. inerviert intrafusale Muskel-
                          fasern und kann darüber die
                          Aktivität in den Ia-Spindel-
                          afferenzen beeinflussen

                       E. inerviert nur glatte Muskel-
                          fasern

Welche der folgenden Aussagen über die Muskelspindeln
sind richtig?

1) Die intrafusalen Muskelfasern sind dünner und länger
   als die extrafusalen Muskelfasern.

2) Die γ-Motoaxone innervieren die primären Dehnungsreceptoren.

3) Die Muskelspindeln haben außer der sensiblen keine
   weitere Innervation.

4) Afferente Salven in den Ia-Fasern hemmen die
   homonymen Motoneuronen und erregen ihre Antagonisten.

Wählen Sie bitte unter den folgenden Aussagenkombinationen diejenige, die Sie für zutreffend halten.

A. Nur 1, 2 und 3 sind richtig

B. Nur 3 und 4 sind richtig

C. Nur 2 ist richtig

D. 1, 2, 3 und 4 sind richtig

E. Keine Aussage ist richtig

Ordnen Sie den in Liste 1 genannten afferenten Nervenfasern die für sie jeweils zutreffende Feststellung
aus Liste 2 zu.

	Liste 1	Liste 2
14.06	Primäre Muskel-spindelafferenz	A. Es handelt sich um Ia-Fa-sern, wobei jede Spindel nur von einer Ia-Faser ver-sorgt wird
14.07	Sekundäre Muskel-spindelafferenz	B. Es handelt sich um Ia-Fa-sern, deren Neurone in su-praspinalen Kernen liegen.
		C. Es handelt sich um Ia-Fa-sern, die nur Information über statische Muskel-längenänderungen vermitteln.

D. Es handelt sich um Gruppe
   II-Fasern.

E. Es handelt sich um unmye-
   linisierte Fasern, deren
   Funktion noch weitgehend
   unbekannt ist.

14.08   14.1.3 (+++)   Fragentyp A

Welche der folgenden Aussagen über die γ-Motoneurone
ist <u>falsch</u>?

A. Die Axone der γ-Motoneurone haben Leitungsgeschwin-
   digkeiten oberhalb von 50 m/s.

B. Die γ-Motoneurone liegen im Vorderhorn in Nachbar-
   schaft zu den α-Motoneuronen desselben (homonymen)
   Muskels.

C. Die Axone der γ-Motoneurone enden teils als γ-End-
   platte, teils als γ-Endnetze.

D. Die γ-Motoneurone versorgen ausschließlich motorisch
   (efferent) die intrafusalen Muskelfasern der Muskelspindeln.

E. Die γ-Motoneurone haben in der Regel keine monosynaptischen Verbindungen mit den Ia-Fasern des zugehörigen (homonymen) Muskels.

14.09   14.1.4 (++)   Fragentyp A

Welche der folgenden Aussagen ist richtig?

A. Die Muskelspindeln liegen parallel zur intrafusalen Muskulatur.

B. Die Sehnenorgane und extrafusalen Muskelfasern
   liegen hintereinander.

C. Die Sehnenorgane werden von Ia-Afferenzen innerviert.

D. Die Ib-Afferenzen haben disynaptische erregende Verbindungen zu homonymen Motoneuronen.

E. Die efferente Innervation der Sehnenorgane erfolgt
   über γ-Fasern.

14.10   14.1.4 (++)   Fragentyp A

Aktivierung der Golgi-Sehnenorgane hat auf den monosynaptischen Dehnungsreflex des zu der Sehne gehörigen Muskels

A. eine fördernde Wirkung

B. eine hemmende Wirkung

C. keine Wirkung, da sie nur die Erregbarkeit des contralateralen Beugers herabsetzt

D. keine Wirkung, da sie das Reflexgeschehen überhaupt nicht beeinflußt

E. entweder fördernde oder hemmende Wirkung, je nach der Aktivität in den Ia-Muskelspindelafferenzen

14.11   14.1.5 (++)   Fragentyp C

Der afferente Schenkel des Flexor-Reflex-Bogens wird vorwiegend von Gruppe III- und Gruppe IV-Fasern gebildet,

<u>weil</u>

die Afferenzen der Nociceptoren cutaner und subcutaner Strukturen in erster Linie aus Gruppe III- und IV-Fasern bestehen.

14.12   14.2.1 (+++)   Fragentyp B
14.13

Ordnen Sie den in Liste 1 genannten Reflexen die zutreffendste Aussage aus Liste 2 zu.

<u>Liste 1</u>	<u>Liste 2</u>
14.12 Eigenreflex	A. ist am spinalisierten Tier auch nach Abklingen des spinalen Schocks nicht auslösbar
14.13 Fremdreflex	B. kann auch nach Durchschneidung der Hinterwurzeln ausgelöst werden
	C. zeigt bei starker räumlicher und zeitlicher Summation das Phänomen der Ausbreitung

      D. kann am denervierten Muskel-
         präparat beobachtet werden

      E. Die Reflexzeit ist im allge-
         meinen relativ kurz, d.h. unter
         40 ms

14.14 14.2.1 (+++) Fragentyp A

Als Fremdreflexe faßt man eine Gruppe von Reflexen zusammen,

A. die nur am Rückenmarksfrosch (z.B. Säurewischreflex)
   zu beobachten sind

B. die ausschließlich der Ernährung des Organismus
   dienen

C. die in dem neugeborenen Organismus nicht angelegt,
   d.h. ihm fremd sind und erst erlernt werden müssen

D. bei denen die Fähigkeit zur Summation und das Phänomen der Ausbreitung nicht beobachtet werden

E. denen gemeinsam ist, daß Receptor und Effector nicht
   im gleichen Organ liegen

14.15 14.2.1 (+++) Fragentyp A

Aus einem einseitigen völligen Ausfall des Patellar-
sehnenreflexes (bei gut erhaltenem contralateralem
Reflex) kann gefolgert werden,

A. daß eine Schädigung der Pyramidenbahn vorliegt

B. daß auch das Babinskische Zeichen positiv ist

C. daß auch alle ipsilateralen Fremdstoffe der be-
   troffenen Extremität ausgefallen oder abgeschwächt
   sind

D. daß auch eine dissoziierte Empfindungslähmung der
   den Muskel bedeckenden Hautareale nachweisbar ist

E. daß der monosynaptische Dehnungsreflexbogen des
   Musculus quadriceps möglicherweise unterbrochen ist

14.16   14.2.2 (+++)   Fragentyp C

Dem Dehnungsreflex kommt besondere Bedeutung bei der Überwindung der Schwerkraft zu,

weil

er ein ausschließlich polysynaptischer Reflex mit besonders kurzer Reflexzeit ist.

14.17   14.2.3 (+++)   Fragentyp D

Welche der folgenden Bezeichnungen treffen auf den Flexorreflex zu?

1) Eigenreflex

2) Fremdreflex

3) Disynaptischer Reflex

4) Polysynaptischer Reflex

5) Nutritionsreflex

6) Schutzreflex

Wählen Sie bitte unter den folgenden Aussagenkombinationen diejenige, die Sie für zutreffend halten.

A. Nur 1, 3 und 5 sind richtig

B. Nur 2, 4 und 6 sind richtig

C. Nur 2, 3 und 5 sind richtig

D. Nur 4 und 6 sind richtig

E. Nur 2 und 3 sind richtig

14.18   14.2.4 (+)   Fragentyp A

Unter dem Babinskischen Zeichen versteht man

A. den Greifreflex des Säuglings beim Bestreichen der Handinnenfläche mit einem stumpfen Gegenstand

B. Plantarflexion der Zehen beim Bestreichen der lateralen Fußsohlen mit einem spitzen Gegenstand

C. die gleichzeitige Verengung der Pupillen bei Lichteinfall in ein Auge

D. Dorsalflexion des großen Zehs mit gleichzeitiger
   fächerförmiger Abspreizung der übrigen Zehen beim
   Bestreichen der lateralen Fußsohle mit einem spitzen
   Gegenstand

E. die Konvergenz der Augen bei der Akkommodation von
   Fern- auf Nahsehen

14.19   14.2.5 (++)   Fragentyp A
____

Die descendierenden motorischen Bahnen des Rückenmarks
enden auf segmentaler Ebene weit überwiegend an Interneuronen. Für welche der folgenden Bahnen trifft am
ehesten zu, daß sie auch direkt (monosynaptisch) an
α-Motoneuronen endet?

A. Tractus corticospinalis

B. Tractus rubrospinalis

C. Tractus reticulospinalis lat.

D. Tractus reticulospinalis med.

E. Tractus vestibulospinalis

14.20   14.2.6 (++)   Fragentyp A
____

Welche der folgenden Reflexbogenanteile gehören zur
Renshaw-Hemmung?

A. Ia-Afferenz → spinales Interneuron → antagoni-
   stisches Motoneuron

B. Ib-Afferenz → spinales Interneuron → homonymes
   Motoneuron

C. Motoaxoncollaterale → spinales Interneuron →
   synergistisches Motoneuron

D. Collaterale der Kleinhirn-Purkinje-Zelle → Golgi-
   Zelle → Purkinje-Zelle

E. Gruppe II-Afferenz von sekundären Muskelspindelendigungen → spinales Interneuron aus demselben
   Segment → homonymes Motoneuron

14.21   14.2.6 (++)   Fragentyp A

Die Renshaw-Zellen

A. empfangen Synapsen von Collateralen der Motoaxone
   und wirken hemmend auf Motoneurone

B. liegen ausschließlich in der Formatio reticularis
   der Medulla oblongata

C. wirken erregend auf ipsilaterale und hemmend auf
   contralaterale Motoneurone

D. sind Ursprung der γ-Motoaxone

E. sind die einzigen, hemmend wirkenden Interneurone
   im Rückenmark

14.22   14.3.1 (++)   Fragentyp A

Wenn man den monosynaptischen Dehnungsreflexbogen als
längenstabilisierenden Halte-Regelkreis auffaßt, so

A. kommen die primären Muskelspindelendigungen in
   diesem Regelkreis nicht vor

B. entsprechen die primären Muskelspindelendigungen
   der Regelgröße dieses Regelkreises

C. sind die primären Muskelspindelendigungen die Regelstrecke dieses Regelkreises

D. ergänzen sich die primären Muskelspindelendigungen
   mit den homonymen Sehnenorganen zum Regler dieses
   Regelkreises

E. entsprechen die primären Muskelspindelendigungen den
   Meßfühlern dieses Regelkreises

14.23   14.3.2 (++)   Fragentyp D

Welche der folgenden Aussagen über die γ-Muskelspindel-
Schleife treffen am besten zu?

1) Die γ-Schleife wird in der Regel bei zielmotorischen
   Bewegungen aktiviert (α-γ-Coaktivierung oder
   -Kopplung).

2) Kontraktion der intrafusalen Muskulatur erregt die
   primären Muskelspindelafferenzen und führt damit
   zu einer reflektorischen Änderung der Muskellänge
   (Folge-Servomechanismus).

3) Aktivierung der ɤ-Schleife hemmt die zugehörigen (homonymen) α-Motoneurone auf dem Reflexweg der direkten Hemmung.

4) Passive Änderung der Muskellänge führt reflektorisch über die ɤ-Schleife zu einer Änderung des extrafusalen Muskeltonus, die nach Möglichkeit die von außen aufgeprägte Längenänderung kompensiert (Längen-Servomechanismus).

Wählen Sie bitte unter den folgenden Aussagenkombinationen diejenige, die Sie für zutreffend halten.

A. Nur 1 und 2 treffen zu

B. Nur 2 und 3 treffen zu

C. Nur 3 und 4 treffen zu

D. Nur 1 und 3 treffen zu

E. Nur 1, 2 und 3 treffen zu

14.24	14.3.2 (++)	Fragentyp A

Wenn man den monosynaptischen Dehnungsreflex zusammen mit der ɤ-Schleife als Folge-Servomechanismus auffaßt,

A. kann der Spannungszustand der intrafusalen Muskulatur vernachlässigt werden, da er in diesem Regelkreis keine Rolle spielt

B. kommt den homonymen und synergistischen Golgi-Sehnenorganen die Rolle des Meßfühlers für die Muskellänge zu

C. stellt die Spannung der extrafusalen Muskulatur den Sollwert in diesem System dar

D. muß der Reflexweg der Renshaw-Hemmung als Regelstrecke des Systems bezeichnet werden

E. bedeutet eine Veränderung der Aktivierung der ɤ-Efferenzen ein Verstellen des Sollwertes

14.25	14.4.1 (+++)	Fragentyp A

Welche Aussage trifft am besten zu? Erhöhte Aktivität der γ-Efferenzen eines Beugermuskels (Flexormuskels)

A. läßt die Gelenkstellung unverändert

B. bewirkt eine Streckung des Gelenks über das Spannungskontrollsystem

C. erhöht den Tonus der Beuger und Strecker bei unveränderter Gelenkstellung

D. führt reflektorisch zu einer Beugung des Gelenks

E. vermindert die Ia-Aktivität des antagonistischen Streckers

14.26	14.4.2 (++)	Fragentyp C

Die praktisch gleichzeitige supraspinal induzierte Aktivierung von α- und γ-Motoneuronen wird als α-γ-Coaktivierung (α-γ-Kopplung) bezeichnet,

<u>weil</u>

die Erregungsleitungsgeschwindigkeit der γ-Motoaxone geringer als die der α-Motoaxone ist.

14.27	14.4.2 (++)	Fragentyp A

Als Vorteil der α-γ-Coaktivierung (α-γ-Kopplung) bei zielmotorischen Bewegungen) kann insbesondere bezeichnet werden, daß

A. es zu keiner Änderung der Muskellänge kommt (Halte-Servomechanismus)

B. die primären Muskelspindelendigungen in ihrem normalen Arbeitsbereich gehalten, d.h. durch die Kontraktion nicht völlig entlastet werden

C. eine Kontraktion über den Folge-Servomechanismus, d.h. über die Aktivierung der γ-Schleife überhaupt erst möglich wird

D. die Funktion der Golgi-Sehnenorgane als Meßfühler des Spannungs-Regelkreises voll genutzt wird

E. die Aktivierung der ipsilateralen extrafusalen Muskulatur bei gleichzeitiger Aktivierung der contralateralen intrafusalen Muskulatur zu besonders glatten und gleichmäßigen Bewegungen führt

14.28   14.4.3 (+)   Fragentyp B
14.29

Die für die Motorik verantwortlichen spinalen Reflex-
wege sind unter anderem dem Einfluß von supraspinal
descendierenden hemmenden Bahnen ausgesetzt. Über
welche der in Liste 2 genannten Synapsen greifen solche
prä- und postsynaptischen Hemmungen (Liste 1) vorwiegend ein?

     Liste 1   Liste 2

14.28 Präsynaptische   A. Über elektrische Synapsen in
      Hemmung   der Substantia gelatinosa
                        Rolandi
14.29 Postsynaptische
      Hemmung   B. Über dendro-dendritische
                        Synapsen spinocerebellärer
                        Neurone

                   C. Über chemische Synapsen in
                        den anulospiralen Endigungen
                        der Muskelspindeln

                   D. Über axo-axonische Synapsen
                        an den spinalen Endigungen
                        primär afferenter Fasern

                   E. Über axo-somatische und axo-
                        dendritische Synapsen spi-
                        naler Interneurone

14.30   14.5.1 (++)   Fragentyp C

Unmittelbar nach akut aufgetretener Querschnitts-
lähmung im unteren Thorakalbereich kann der Patellar-
sehnenreflex beim Menschen unverändert ausgelöst
werden,

<u>weil</u>

dieser Reflex beim Menschen ein rein spinaler Reflex
ist, der keinerlei supraspinalen Einflüssen unter-
liegt.

14.31   14.5.1 (++)   Fragentyp A

Rückenmarksdurchtrennung beim Menschen führt vorüber-
gehend zum spinalen Schock. Während des spinalen
Schocks

A. sind die motorischen Reflexe erloschen, die vegetativen gesteigert

B. sind die Extensorreflexe erloschen, die Flexor-
   reflexe gesteigert

C. sind alle Reflexe unverändert

D. sind alle motorischen und vegetativen Reflexe
   erloschen

E. sind alle Reflexe extrem gesteigert (Extensor-
   bzw. Flexorspasmus)

14.32   14.5.2 (+)   Fragentyp A

Die Aufhebung einer experimentellen Decerebrations-
starre durch die Durchtrennung der entsprechenden
Rückenmarkswurzeln weist darauf hin, daß

A. die Golgi-Sehnenorgane an der Aufrechterhaltung
   der Starre maßgeblich beteiligt sind

B. die Muskelspindeln zur Aufrechterhaltung der Starre
   einen wichtigen Beitrag leisten

C. die Motoaxone das Rückenmark durch die Hinter-
   wurzeln verlassen

D. die γ-Motoneurone an der Starre völlig unbeteiligt
   sind

E. es sich im wesentlichen um die Aktivierung des
   Flexor-Reflex-Bogens handelt

14.33   14.5.3 (++)   Fragentyp A

Welcher der folgenden Symptomenkomplexe tritt bei
Degeneration der Motoneurone eines Muskels auf?

A. Feinschlägiger Ruhetremor, Hypertonus, Synergien

B. Rigidität, Störung der Tiefensensibilität

C. Ausgesprochene Spastik mit Zahnradphänomen bei
   passiver Bewegung

D. Intentionstremor, Akinese, Fibrillationen

E. Hypotonus, Verminderung bis Ausfall der groben
   Kraft, Beeinträchtigung der Feinmotorik

Kapitel 15
Zentrale Sensomotorik (R. F. Schmidt)

15.01	15.1.1 (++)	Fragentyp C

Der Gyrus praecentralis und die unmittelbar frontal liegenden Areale werden als motorischer Cortex bezeichnet,

<u>weil</u>

der motorische Cortex das neuronale Substrat für die Entstehung von Handlungsantrieben und Bewegungsentwürfen ist.

15.02 15.03 15.04	15.1.1 (++)	Fragentyp B

Welche der in Liste 2 gegebenen Beschreibungen sind für die in Liste 1 aufgeführten Potentiale am zutreffendsten?

<u>Liste 1</u>

15.02 Bereitschaftspotential

15.03 Motorpotential

15.04 Evociertes Potential

<u>Liste 2</u>

A. Elektrische Potentialschwankung, die im Zentralnervensystem als Antwort auf eine Reizung von Receptoren oder anderen nervösen Strukturen entsteht

B. Langsam ansteigendes oberflächennegatives Hirnpotential, das bei Willkürbewegungen etwa 800 ms vor der Bewegung beginnt und über der gesamten Konvexität des Schädels abgeleitet werden kann

C. Unilaterales Potential, entsteht etwa 50 ms vor Bewegungsbeginn über dem somatotopisch zugehörigen, contralateralen Anteil des präcentralen Motorcortex

D. Langsame negative Welle, die in Konditionierungs-
   versuchen einem von der Versuchsperson erwarteten
   Reiz vorausgeht

E. Positive Potentialschwankung, bilateral und weit
   ausgedehnt über präcentralen und parietalen Regi-
   onen, die etwa 90 ms vor einer Bewegung einsetzt

15.05   15.1.2 (++)   Fragentyp A
____

Es wird heute angenommen, daß das neurophysiologische
Korrelat des Handlungsantriebes in einem der folgenden
Bereiche zu suchen ist

A. dem motorischen Cortex

B. dem Gyrus postcentralis

C. dem Thalamus

D. dem limbischen System

E. den Stammganglien

15.06   15.1.3 (++)   Fragentyp A
____

Die vom Associationscortex kommenden neuronalen
Korrelate der Bewegungsentwürfe gelangen anschließend

A. direkt in den motorischen Cortex

B. zunächst teils in das Kleinhirn, teils in die
   Basalganglien

C. ausschließlich in den supplementär motorischen
   Cortex

D. direkt zu den motorischen Vorderhornzellen

E. direkt in die motorischen Kerne des Thalamus

15.07   15.1.4 (+)   Fragentyp A

Welche der folgenden Formulierungen beschreibt am besten das Symptom "Apraxie"?

A. Es ist eine Störung im Umgang mit der Sprache, die teils mehr die receptiven, teils mehr die expressiven Anteile des Sprachgeschehens betrifft.

B. Als Apraxie bezeichnet man das hirnpathologische Phänomen, daß ein Kranker die Minderung oder Aufhebung einer Funktion oder Leistung, kurz seine Krankheit, nicht wahrhaben will.

C. Apraxie ist eine Beeinträchtigung im Ausführen von erlernten zweckmäßigen Handlungen, die nicht durch Lähmung oder Störung motorischer Zentren (im engeren Sinne) erklärbar ist.

D. Es handelt sich um eine Störung des Erkennens auf dem taktilen Sinnesgebiet, die nicht durch Beeinträchtigung der elementaren Wahrnehmung zustande kommt.

E. Ausfall angeborener Instinktbewegungen, wie z.B. Nahrungsaufnahme und Festhalten an der Mutter.

15.08   15.2.1 (++)   Fragentyp A

Zum Neocerebellum zählen folgende Anteile des Kleinhirns:

A. Hemisphären und Vermis caudal der Fissura prima

B. Vermis des Lobus anterior, Pyramis und Uvula

C. Paraflocculus und Lobulus flocculo-nodularis

D. Der gesamte Vermis

E. Hemisphären und Lobulus flocculo-nodularis

15.09   15.2.1 (++)   Fragentyp B
15.10
15.11

In welchen der in Liste 2 genannten neuronalen Strukturen (Kernen) projizieren die Purkinje-Zell-Axone aus den in Liste 1 genannten Kleinhirnarealen?

<u>Liste 1</u>	<u>Liste 2</u>
15.09 Vermis	A. Nucleus dentatus
15.10 Pars intermedia	B. Nucleus ruber
15.11 Hemisphären	C. Nucleus fastigii
	D. Nucleus olivaris inferior
	E. Nucleus interpositus (globulosus plus emboli-formis)

15.12	15.2.2 (+++)	Fragentyp D

Die folgenden Axone treten als afferente "Eingänge" in die Kleinhirnrinde ein:

1) Moosfasern

2) Parallelfasern

3) Purkinje-Zellaxone

4) Kletterfasern

Wählen Sie bitte unter den folgenden Aussagenkombi-nationen diejenige, die Sie für zutreffend halten.

A. Nur 1 und 4 treffen zu

B. Nur 2 und 3 treffen zu

C. Nur 2 und 4 treffen zu

D. Nur 1, 2 und 4 treffen zu

E. Nur 3 trifft zu

15.13   15.2.2 (+++)   Fragentyp A

Die Axone der Purkinje-Zellen des Kleinhirn enden

A. an Pyramidenzellen des motorischen Cortex

B. an den Nuclei dentatus und fastigii

C. am N. olivaris inferior (oder unteren Olive)

D. am N. ruber

E. am ventrolateralen Thalamuskern (N. ventralis lateralis)

15.14   15.2.3 (+++)   Fragentyp D

Die Dendriten der Purkinje-Zellen des Kleinhirns erhalten Synapsen von

1) den Parallelfasern der Körperzellen

2) den Moosfasern

3) den Kletterfasern

4) den Axonen der Korbzellen

Wählen Sie bitte unter den folgenden Aussagenkombinationen diejenige, die Sie für zutreffend halten.

A. Nur 1, 2 und 3 treffen zu

B. Nur 1 und 3 treffen zu

C. Nur 2 und 4 treffen zu

D. Nur 1 und 4 treffen zu

E. 1, 2, 3 und 4 treffen zu

15.15   15.2.3 (+++)   Fragentyp A

Welche der folgenden Axone bilden Synapsen auf den Dendriten der Korbzellen aus?

A. Moosfasern

B. Kletterfasern

C. Purkinjezellaxonen

D. Parallelfasern

E. Golgizellaxonen

15.16   15.2.4 (++)   Fragentyp C

Die Purkinje-Zellen der Kleinhirnrinde werden als "hemmende Neurone" bezeichnet,

<u>weil</u>

ihre Axone an den Zellen der Kleinhirnkerne nur hemmende Synapsen ausbilden.

15.17   15.2.5 (++)   Fragentyp B
15.18

Welche der in Liste 2 gegebenen Beschreibungen treffen am besten auf die in Liste 1 genannten Symptome zu?

    <u>Liste 1</u>

15.17 Dysmetrie

15.18 Adiadochokinese

    <u>Liste 2</u>

A. Breitbeiniger, unsicherer Gang

B. Zielmotorische Bewegungen geraten zu kurz oder zu weit und werden anschließend überkompensiert

C. Zittern, das bei zielmotorischen Bewegungen sich zu einem starken Wackeln steigern kann

D. Zu niedriger Muskeltonus, verbunden mit Muskelschwäche und rascher Ermüdbarkeit der Muskulatur

E. Unfähigkeit rasch aufeinander folgende Bewegungen auszuführen

15.19   15.2.6 (++)   Fragentyp A

Welcher der folgenden Symptomenkomplexe gilt als charakteristisch für einen Ausfall bzw. eine Schädigung des Kleinhirns?

A. Ruhetremor, Athetose, Hemiplegie

B. Intentionstremor, Adiadochokinese, Ataxie

C. Parkinsonismus

D. Dysdiadochokinese, Ruhetremor, Akinese

E. Rigor und Hemiballismus

15.20	15.3.1 (++)	Fragentyp A

Für welche der folgenden Strukturen kann am zutreffendsten gesagt werden, daß sie überwiegend motorische
Funktionen hat?

A. Thalamus

B. Gyrus postcentralis

C. Sulcus centralis

D. Pallidum

E. Hinterhorn des Rückenmarks

15.21 15.22 15.23	15.3.2 (++)	Fragentyp B

Zu welchen der in Liste 2 aufgeführten Strukturen
projizieren die Efferenzen der in Liste 1 aufgeführten
Kerngebiete?

Liste 1

15.21 Striatum

15.22 Pallidum internum

15.23 Nucl. ventralis
     lat. thalami

Liste 2

A. Nucleus ruber

B. Pallidum externum

C. Nucleus Deiters

D. Motorischer Cortex

E. Thalamus

15.24	15.3.4 (++)	Fragentyp C

Die Akinese kann als Enthemmung der motorischen Funktionen der Basalganglien, also als Überschuß-Symptom
angesehen werden,

weil

bei der Akinese überschießende Bewegungsstörungen der
einen oder anderen Form im Vordergrund stehen.

15.25 15.3.4 (++) Fragentyp D

Welche der folgenden motorischen Symptome sind für Schädigungen im Bereich der Stammganglien (Basalganglien) charakteristisch?

1) Babinskisches Zeichen

2) Akinese

3) Ataxie

4) Rigor

5) Ruhetremor

6) Spastik

Wählen Sie unter den folgenden Aussagenkombinationen diejenige, die Sie für zutreffend halten.

A. Nur 1, 5 und 6 sind charakteristisch

B. Nur 3, 5 und 6 sind charakteristisch

C. Nur 2, 3 und 4 sind charakteristisch

D. Nur 2, 4 und 5 sind charakteristisch

E. Alle Symptome sind uncharakteristisch

15.26 15.3.4.2 (++) Fragentyp A

Welche der folgenden Symptome werden als Parkinson-Syndrom zusammengefaßt?

A. Asynergie, Tremor, Hypotonus

B. Akinese, Rigor, Ruhetremor

C. Dysmetrie, Ataxie, Dysdiadochokinese

D. Nystagmus, Intentionstremor, skandierende Sprache

E. Ruhetremor, Parese, Hemiballismus

15.27   15.3.4.2 (++)   Fragentyp C

Die orale Gabe von Dopamin ist die wichtigste thera-
peutische Maßnahme bei einer Parkinson-Erkrankung,

<u>weil</u>

die wahrscheinlichste Ursache des Parkinson-Syndroms
der Untergang der vom Nucleus niger zum Striatum
ziehenden Bahn ist, deren Transmitter Dopamin ist.

15.28   15.4.1 (++)   Fragentyp A

Welche Aussage ist am zutreffendsten? Das Handareal
des motorischen Cortex liegt, verglichen mit dem Fuß-
areal,

A. weiter frontal

B. weiter occipital

C. völlig überlappend in demselben Areal

D. näher der Mantelkante (Fissura sagittalis)

E. näher der Fissura lateralis Sylvii

15.29   15.4.1 (++)   Fragentyp A

Welche Aussage ist am zutreffendsten? Der sekundär
(supplementär) motorische Cortex

A. ist somatotopisch gegliedert

B. liegt im Occipitalhirn

C. kommt beim Menschen nicht vor

D. ist nur in der dominanten Hemisphäre angelegt

E. ist identisch mit dem Brocaschen Sprachzentrum

15.30   15.4.2 (+++)   Fragentyp D

Welche der folgenden Strukturen sind unmittelbar
afferent und efferent zur primär motorischen Rinde?

1) Substantia nigra

2) Nucl. ventralis lat. thalami

3) Vorderhorn des Rückenmarks

4) Nucl. ruber

5) Associativer Cortex

Wählen Sie bitte unter den folgenden Aussagenkombinationen diejenige, die Sie für zutreffend halten.

A. Nur 1 und 2 sind richtig

B. Nur 1, 4 und 5 sind richtig

C. Nur 2, 3 und 4 sind richtig

D. Nur 3 und 4 sind richtig

E. Nur 3 und 5 sind richtig

15.31   15.4.2 (+++)   Fragentyp A

Welche der folgenden Aussagen über den Motorcortex und
die absteigenden motorischen Bahnen ist <u>falsch</u>?

A. Eine Unterbrechung der motorischen Bahnen in der
   Capsula interna führt zu motorischen Störungen
   (Lähmungen) auf der der Schädigung gegenüber-
   liegenden Körperhälfte.

B. Zahlreiche vom Motorcortex ausgehende efferente
   Axone enden spätestens im Hirnstamm.

C. Der Gyrus praecentralis ist somatotopisch organisiert, d.h. bestimmte Areale versorgen bestimmte
   Muskeln oder Muskelgruppen.

D. Die einzige, aus dem motorischen Cortex absteigende
   Bahn ist der Tractus corticospinalis, auch Pyramidenbahn genannt.

E. Zahlreiche Collateralen des Tractus corticospinalis
   projizieren in das Kleinhirn.

In der primär motorischen Rinde lassen sich funktionelle und histologische corticale Säulen aufgrund
physiologischer und morphologischer Befunde abgrenzen.
Welche der folgenden Aussagen über diese Säulen sind
richtig?

1) Viele histologische Säulen lassen sich zu einer
   funktionellen zusammenfassen.

2) Eine funktionelle Säule hat einen Durchmesser von
   etwa 1 mm und enthält viele hundert Pyramidenzellen.

3) Die Pyramidenzellen einer funktionellen Säule
   kontrollieren Muskeln, die an demselben Gelenk
   angreifen.

4) Jede funktionelle Säule repräsentiert einen Muskel.

5) Jede histologische Säule enthält entweder nur kleine
   oder nur große Pyramidenzellen.

Wählen Sie bitte unter den folgenden Aussagenkombinationen diejenige, die Sie für zutreffend halten.

A. Nur 1, 2 und 3 sind richtig

B. Nur 4 und 5 sind richtig

C. Nur 2, 4 und 5 sind richtig

D. Nur 3 und 5 sind richtig

E. Nur 1, 2 und 4 sind richtig

Es wird angenommen, daß der primär motorische Cortex
unter anderem für die Ausführung zielmotorischer Fein-
bewegungen verantwortlich ist,

<u>weil</u>

es bei Schimpansen nach isolierter Ausschaltung des
Tractus corticospinalis nach der Erholungsphase vor
allem zu einer Einschränkung der Fingerfertigkeit
kommt.

15.34	15.4.5 (+++)	Fragentyp A

Welche der folgenden Aussagen über den Tractus corticospinalis ist <u>falsch</u>?

A. Er wird im Hirnstamm nicht umgeschaltet.

B. Er kreuzt zu 75 - 90 % auf die contralaterale Seite.

C. Er hat seinen Ursprung vorwiegend im Gyrus postcentralis.

D. Er endet vorwiegend an medullären Interneuronen.

E. Er wird auch als Pyramidenbahn bezeichnet.

15.35	15.4.5 (+++)	Fragentyp A

Welche Aussage ist am zutreffendsten? Die Ursprungs-
zellen der Pyramidenbahn liegen

A. ausschließlich im Gyrus postcentralis

B. im Gyrus postcentralis und im benachbarten Scheitel-
hirn

C. in den Basalganglien, besonders dem Pallidum

D. ausschließlich im Gyrus praecentralis

E. im Gyrus praecentralis und im benachbarten Frontalhirn

15.36   15.4.6 (+++)   Fragentyp A

Welche Aussage ist am zutreffendsten? Die nach Unterbrechungen in der Capsula interna, also z.B. Hirnschlag auftretenden Symptome machen besonders deutlich, daß

A. in der Capsula interna nur afferente Bahnen verlaufen

B. nur Fasern des Tractus corticospinalis die primär motorische Rinde verlassen

C. die primär motorische Rinde neben dem Tractus corticospinalis auch starke efferente Verbindungen zu den motorischen Zentren des Hirnstammes besitzt

D. der Tractus corticospinalis hauptsächlich vom Gyrus postcentralis ausgeht

E. die von dem motorischen Cortex ausgehenden Efferenzen auf die Stützmotorik keinen Einfluß haben

15.37   15.4.6 (+++)   Fragentyp A

Welche Aussage ist am zutreffendsten? Die Axonen der Pyramidenzellen des primär motorischen Cortex

A. ziehen ausschließlich als Tractus corticospinalis in das Rückenmark

B. werden wegen der Form der Somata auch als Pyramidenbahn zusammengefaßt

C. geben bis zu ihrem Zielort keinerlei Collateralen ab

D. ziehen ausschließlich zum Hirnstamm

E. ziehen sowohl zum Hirnstamm, z.B. zum Nucleus ruber, als auch ohne Umschaltung bis in das Rückenmark

15.38   15.4.7 (++)   Fragentyp A

Welche Aussage ist am zutreffendsten? Eine komplette chronische Unterbrechung der Faserverbindungen in der Capsula interna führt nach einiger Zeit

A. zu einer Areflexie auf der ipsilateralen Seite

B. zu einer spastischen Lähmung auf der contralateralen Seite

C. zu keiner nennenswerten motorischen Ausfall-
erscheinung

D. zu einer schlaffen Lähmung auf der contralateralen
Seite

E. zu einem Spasmus der gesamten Muskulatur

15.39	15.4.8 (+)	Fragentyp A

Focale (umschriebene) motorische epileptische Anfälle
sind vor allem ein Anzeichen von

A. Blutung in der Capsula interna

B. Degeneration der Substantia nigra

C. Schädigung der Vermis

D. Übererregbarkeit des Pallidum externum

E. Krankhafte Reizzustände im primär motorischen
Cortex

15.40	15.5 (++)	Fragentyp A

Welche Aussage ist am zutreffendsten? Welche Anteile
des Hirnstammes sind beim decerebrierten Tier noch in
Verbindung mit dem Rückenmark, also funktionsfähig?

A. Nur die Medulla oblongata

B. Pons und Mittelhirn

C. Medulla oblongata und Pons

D. Nur Medulla oblongata und Mittelhirn

E. Medulla oblongata, Pons und das gesamte Mittelhirn

15.41   15.5.1 (+++)   Fragentyp A

Ein wichtiger Weg aus der Großhirnrinde zu den Motoneuronen führt aus den Associationsarealen über die
Kleinhirnhemisphären, die Nuclei dendati und die
motorischen Kerne des Thalamus zur primär motorischen
Rinde und ihren Efferenzen. Diesem Weg liegt ein
zweiter parallel. Er verläuft (zutreffendste Antwort
aussuchen)

A. von den Associationsarealen über Striatum und
   Pallidum zu den motorischen Kernen des Thalamus

B. von den Associationsarealen direkt zum motorischen
   Cortex

C. von den Associationsarealen zum Vermis, Nucl.
   fastigii und Deiters zum motorischen Cortex

D. von den Associationsarealen über Gyrus postcentralis
   zum motorischen Cortex

E. von den Associationsarealen zum Gyrus hippocampi
   und von dort über den Fornix zum motorischen Cortex

15.42   15.5.1 (+++)   Fragentyp D

Welche der folgenden Tatsachen weisen besonders deutlich darauf hin, daß eine Trennung des motorischen
Systems in pyramidale und extrapyramidale Komponenten
wenig sinnvoll ist?

1) Der Tractus corticospinalis sendet zahlreiche
   Collateralen zu allen supramedullären motorischen
   Zentren.

2) Die Efferenzen des motorischen Cortex ziehen teils
   als Tractus corticospinalis zum Rückenmark, teils
   direkt zu den motorischen Zentren des Hirnstamms.

3) Das Babinskische Zeichen tritt nicht nur bei isolierten Schädigungen des Tractus corticospinalis
   auf.

4) Viele zielmotorische Bewegungen von höchster Prä-
   zision werden ohne entscheidende Beteiligung des
   Tractus corticospinalis durchgeführt.

Wählen Sie bitte unter den folgenden Aussagenkombinationen diejenige, die Sie für zutreffend halten.

A. Nur 1 und 2 weisen darauf hin

B. Nur 3 und 4 weisen darauf hin

C. Nur 1, 2 und 3 weisen darauf hin

D. Nur 2, 3 und 4 weisen darauf hin

E. 1, 2, 3 und 4 weisen darauf hin

15.43	15.5.2 (++)	Fragentyp A

Welche Aussage ist am zutreffendsten? In welcher Ebene muß das Gehirn abgetragen werden oder durchschnitten werden, um Decerebrierungsstarre auszulösen?

A. Querschnitt in Höhe der Colliculi inferiores

B. Schnitt durch den Thalamus

C. Durchtrennung des Rückenmarks in Höhe von C_1

D. Abtragung des Cortex

E. Schnitt durch das Brachium conjunctivum

15.44	15.5.2 (++)	Fragentyp B
15.45		
15.46		

Liste 1 zählt die drei wichtigsten Komponenten zentralnervöser Planung und Durchführung einer zielmotorischen Bewegung auf. Welche der in Liste 2 aufgeführten Strukturen bilden das jeweils wahrscheinlichste neuronale Korrelat?

<u>Liste 1</u>

15.44 Bewegungsentwurf

15.45 Bewegungsprogramm

15.46 Bewegungsaus-
führung

<u>Liste 2</u>

A. Occipitaler Pol der Großhirnrinde und Gyrus post-
centralis

B. Neocerebellum, Stammganglien, Motorcortex

C. Motorische Zentren (Motoneurone) des Hirnstammes
und des Rückenmarkes

D. Associativer Cortex

E. Pulvinar

Diejenigen motorischen Funktionen, die den Körper entgegen der Schwerkraft aufrecht halten, fassen wir als Stützmotorik zusammen,

<u>weil</u>

die für die Stützmotorik verantwortlichen zentralnervösen Strukturen vorwiegend im Hirnstamm liegen.

Kapitel 16
Allgemeine Informations- und Sinnesphysiologie (K. Brück)

16.01   16.1.1 (+++)   Fragentyp A
                    16.1.2 (++)

Die Koordination von Funktionssystemen des Organismus
erfordert Informationsübertragung. Welcher der folgenden Sätze zum Informationsbegriff ist zutreffend?

A. Informationsfluß ist direkt proportional dem
   Energiefluß.

B. Die im peripheren Nerven übertragene Informations-
   menge ist proportional der Frequenz der Aktionspotentiale.

C. Informationsübertragung im Zentralnervensystem ist
   nur mittels eines binären Codes (basierend auf dem
   dualen Zahlensystem) möglich.

D. Der Informationsgehalt im Binärsystem ist gleich dem
   negativen dualen Logarithmus seiner Ereigniswahr-
   scheinlichkeit.

E. der Informationsfluß wird in bit/cm^2 gemessen.

16.O2   16.1.3 (++)   Fragentyp A

Eine der folgenden Aussagen über die Informationsübertragung ist <u>falsch</u>.

A. Die Übertragung von 26 Buchstaben, den Ziffern O bis
   9 und einigen Satzzeichen erfordert Zeichen mit
   einem Informationsgehalt von mindestens 6 bit.

B. Die maximale Aufnahmefähigkeit von Sinnesorganen
   für Informationen wird als Kanalkapazität bezeichnet.

C. Die Informationsspeicherungskapazität des Kurzzeitgedächtnisses (gemessen in bit/s) ist weit geringer
   als der Informationszufluß über die Sinneskanäle.

D. Die Speicherungskapazität des Langzeitgedächtnisses
   ist geringer als die für das Kurzzeitgedächtnis.

E. Da das Gehirn nicht mit einem Binärcode arbeitet,
   kann seine Informationskapazität nicht in bit angegeben werden.

16.O3   16.2.1 (+++)   Fragentyp A

Eine der folgenden Aussagen über Sinnesreceptoren ist
<u>falsch</u>.

A. "Adäquater Reiz" ist die physikalische Größe, für
   die ein Sinnesreceptor als Wandler (Transducer,
   Transformationssystem) anzusehen ist.

B. Sinnesreceptoren sind histologisch darstellbare
   Strukturen, die dem Zentralnervensystem über
   afferente Nerven Informationen über Umweltvorgänge
   zuführen.

C. Der ein Receptorpotential begleitende Energieumsatz
   ist beträchtlich größer als die aufgenommene Reiz-
   energie.

D. Die funktionell verschiedenen Receptorklassen lassen
   sich in vielen Fällen auch histologisch differen-
   zieren.

E. Die Sinnesreceptoren sind derart spezialisiert, daß
   sie immer nur durch eine einzige physikalische Größe
   erregt werden können.

16.04   16.2.1 (+++)   Fragentyp A

Welche der folgenden Aussagen ist zutreffend? Das
"Gesetz der spezifischen Sinnesenergien" (Johannes
Müller) besagt:

A. Ein Sinnesorgan vermittelt bei adäquater und bei
   inadäquater Reizung Empfindungen der gleichen
   Modalität.

B. Adäquate und inadäquate Reizung können ein Sinnesorgan etwa gleich gut erregen.

C. Ein Sinnesorgan vermittelt bei inadäquater Reizung
   Empfindungen, die nicht die gleiche Modalität wie
   die bei adäquater Reizung haben.

D. Adäquate Reize benötigen eine vielfach höhere
   Energie als inadäquate Reize, um eine Empfindung
   auszulösen.

E. Nur adäquate Reize können eine Empfindung auslösen,
   inadäquate bleiben unwirksam.

16.05   16.2.2 (+++)   Fragentyp A

Die Zuordnung von Reizart und reizspezifischen zentralnervösen Erregungsabläufen, die für die "Erkennung" des
Reizes von Bedeutung sind, kann in einem der folgenden
Fälle nicht durch die Reizspezifität der Receptoren
befriedigend erklärt werden.

A. Reiz durch Hypoxie

B. Reiz durch Geruchsstoffe

C. Reiz durch Wärme

D. Reiz durch Kälte

E. Reiz durch Gefäßwanddehnung

16.O6   16.2.3 (+++)   Fragentyp A

Welche der folgenden Aussagen über die einer Receptor-
reizung folgenden Prozesse trifft zu?

A. Es entsteht ein Membranpotential im afferenten
   Nerven.

B. Es tritt bei ausreichender Reizstärke eine Hemmung
   im zugehörigen afferenten Nerven auf.

C. Das zum Receptor gehörende efferente Axon wird
   depolarisiert.

D. In dem zum Receptor gehörenden afferenten Nerven
   tritt eine Serie von Aktionspotentialen auf, deren
   Frequenz eine Funktion der Reizstärke ist.

E. Das inhibitorische postsynaptische Potential des
   Receptors wird gesteigert.

16.O7   16.2.3 (+++)   Fragentyp A

Durch welche der folgenden Gleichungen läßt sich bei
Receptoren die Beziehung zwischen Amplitude des
Generatorpotentials und Frequenz der Aktionspotentiale
im afferenten Axon für konstante Reize am besten be-
schreiben (Frequenz = F, Amplitude = A, Konstante = k)?

A. $F = k \cdot A$

B. $F = k \cdot e^A$

C. $F = k \cdot \dfrac{1}{A}$

D. $F = k \cdot \log A$

E. $F = k \cdot \dfrac{dA}{dt}$

16.O8   16.2.3 (+++)   Fragentyp A

Was ist eine Geratorpotential?

A. Das Ruhepotential einer Sinneszelle

B. Das dem "Alles-oder-Nichts-Gesetz" folgende Membranpotential einer Sinneszelle

C. Die graduierte Änderung des Membranpotentials einer
   Sinneszelle

D. Die zur Auslösung einer fortgeleiteten Erregung
   erforderliche Spannung

E. Die Potentialamplitudendifferenz zwischen excita-
   torischem postsynaptischem Potential (EPSP) und
   inhibitorischem postsynaptischem Potential (IPSP)

16.09   16.3.1 (++)   Fragentyp C

Seh- und Hörerlebnisse werden als verschiedene Sinnes-
qualitäten bezeichnet,

<u>weil</u>

für Licht- und Schallreize spezielle Sinnesorgane vorhanden sind.

16.10   16.3.1 (++)   Fragentyp A

Einer der folgenden Begriffe stellt eine Sinnes-
qualität dar.

A. Gehör

B. Gesicht

C. Wärme

D. Adaption

E. Intentionalität

16.11	16.3.1 (++)	Fragentyp B
16.12		
16.13		

Den in Liste 1 aufgeführten Sinnesmodalitäten ist jeweils eine der in Liste 2 aufgeführten Charakteristika zuzuordnen.

Liste 1	Liste 2
16.11 Geruch	A. Ausfall der Empfindung nach Durchtrennung des Tractus reticulospinalis lateralis
16.12 Geschmack	
16.13 Schmerz	B. Sehr starke dynamische Empfindlichkeit
	C. Nur 4 Qualitäten unterscheidbar
	D. Nur geringe Adaption
	E. Unabhängigkeit der Empfindung von der Reizstärke

| 16.14 | 16.2 | Fragentyp A |

Welche der folgenden Aussagen trifft zu? Die afferenten Hinterstrangbahnen

A. enden im Lemniscus medialis

B. werden im Thalamus erstmals umgeschaltet

C. kreuzen auf segmentaler Ebene

D. vermitteln vor allem Temperatur- und Schmerzempfindungen

E. sind Axonen der Spinalganglienzellen

16.15	16.2	Fragentyp B
16.16		
16.17		

Die folgenden Grunddimensionen der Sinneswahrnehmung (Liste 1) werden abgebildet durch jeweils eine der in Liste 2 aufgeführten neurophysiologischen Größen.

Liste 1	Liste 2
16.15 Intensität	A. Erregung verschiedener spezifischer Receptoren
16.16 Qualität	

16.17 Räumlichkeit

B. Ortsmuster bzw. Orts- Zeit-
muster von Impulsen

C. Impulsfrequenz in afferenten
Nerven

D. Impulsamplitude in afferenten
Nerven

E. Amplituden-Frequenzprodukt in
afferenten Nerven

| 16.18 | 16.3.2 (++) | Fragentyp D |
| | 16.4.2 (+++) | |

Die Unterschiedsschwelle ΔE

1) ist die eben merkliche Zunahme eines Intensitätserlebnisses

2) ist innerhalb eines mittleren Reizstärkebereiches
gleich dem Verhältnis von Reizzunahme (ΔR) zu R
(Ausgangsreiz)

3) ist gleich dem Logarithmus des Reizzuwachses, der
zur Auslösung einer eben merklichen Zunahme des
Intensitätserlebnisses führt

4) entspricht in den verschiedenen Modalbezirken
unterschiedlichen Werten von $\dfrac{\Delta R}{R}$

5) kann als Maßeinheit eigenmetrischer Systeme (z.B.
Dol-Skala) benutzt werden

Wählen Sie bitte die zutreffende Aussagenkombination.

A. Nur 1 und 2 sind richtig

B. Nur 1, 2 und 4 sind richtig

C. Nur 1, 2, 4 und 5 sind richtig

D. Nur 1 ist richtig

E. Alle Aussagen sind richtig

16.19   16.3.3 (+++)   Fragentyp D

Der Arbeits- (bzw. Meß-)bereich von Sinnen

1) umfaßt bei verschiedenen Modalitäten mehrere Zehner-
   potenzen der Reizstärke

2) kann bei mehreren Modalitäten an sich ändernde Reiz-
   stärkenbereiche angepaßt werden

3) kann bei einzelnen Modalitäten durch efferente
   Innervation verstellt werden

4) ist unveränderlich

Wählen Sie bitte die zutreffende Aussagenkombination.

A. Nur 1 ist richtig

B. Nur 2 ist richtig

C. Nur 2 und 3 sind richtig

D. Nur 4 ist richtig

E. Nur 1, 2 und 3 sind richtig

16.20   16.3.4 (+++)   Fragentyp D

Mit dem Ausdruck "Adaptation" kann zum Ausdruck gebracht werden, daß

1) bei gleichbleibendem Reiz die Impulsrate des
   afferenten Axons mit der Zeit abnimmt

2) die dynamischen Kennlinien innerhalb des Reiz-
   stärkenbereiches verschoben werden

3) die Impulsrate mit der Reizstärke ansteigt

4) die dynamische Komponente der Receptorreaktion
   (das "d-Verhalten") gesteigert ist

5) der Arbeitsbereich auf verschiedene Reizstärken-
   bereiche eingestellt werden kann

Wählen Sie bitte die zutreffende Aussagenkombination.

A. Keine Aussage ist richtig

B. Nur 2 und 3 sind richtig

C. Nur 4 und 5 sind richtig

D. Nur 1 und 2 sind richtig

E. Nur 1, 2 und 5 sind richtig

16.21	16.3.5 (++)	Fragentyp D

Welche der folgenden Aussagen über Auflösungsvermögen
und Verschmelzungsfrequenz sind zutreffend?

1) Das zeitliche Auslösungsvermögen ist die Größe des
   Zeitintervalls zwischen zwei eben deutlich trenn-
   baren Reizen, die zu verschiedenen Zeiten ein-
   treffen.

2) Das zeitliche Auflösungsvermögen ist um so besser,
   je länger die Erregung nach Ende der Reizeinwirkung
   anhält.

3) Das räumliche Auflösungsvermögen ist um so besser,
   je größer die Raumintervalle zwischen den Receptoren
   sind.

4) Das räumliche Auflösungsvermögen wird auch als Raumschwelle bezeichnet.

5) Die Verschmelzungsfrequenz beim Sehen nimmt mit dem
   zeitlichen Auflösungsvermögen zu.

Wählen Sie bitte die zutreffende Aussagenkombination.

A. Keine Aussage ist richtig

B. Alle Aussagen sind richtig

C. Nur 2, 4 und 5 sind richtig

D. Nur 1, 3 und 5 sind richtig

E. Nur 1, 4 und 5 sind richtig

16.22	16.4.1 (+++)	Fragentyp A

Welcher der folgenden Sätze stellt eine zutreffende Aussage über den Begriff "receptives Feld" dar?

A. Ein receptives Feld ist das Umfeld eines Einzel-receptors.

B. Ein receptives Feld ist der mit Receptoren besetzte Teil eines Sinnesorgans.

C. Ein receptives Feld ist das kleinste Areal inner-halb des gesamten Receptorfeldes, in dem <u>alle</u> qualitätsspezifischen Receptoren des betreffenden Sinnesorganes vorkommen.

D. Ein receptives Feld ist der Ort von Receptoren, die auf ein einzelnes afferentes Neuron konvergieren.

E. Das receptive Feld umfaßt Gruppen von Receptoren, die bei Reizung stets synchron erregt werden.

16.23	16.4.2 (+++) 16.6.2 (+)	Fragentyp A

Welche der folgenden Aussagen trifft zu? Empfindungs-intensität (E) und Reizstärke (R)

A. lassen sich wegen des psychophysischen Problems in keine formale Beziehung setzen

B. können nicht in formale Beziehung gesetzt werden, weil man nicht genau definierte Reize setzen kann

C. stehen in einer Beziehung, die unter bestimmten Voraussetzungen durch die Gleichung
$$E = \frac{1}{\log R}$$
beschrieben werden kann

D. stehen in einer Beziehung, die unter bestimmten Voraussetzungen durch die Gleichung $E = k \cdot R^n$ beschrieben werden kann

E. lassen sich nicht in formale Beziehung setzen, weil man Empfindungsintensität nicht messen kann

16.24	16.4.2 (+++)	Fragentyp A

Bei den meisten Sinnesmodalitäten ist die Empfindungs-intensität E in folgender Weise von der Reizstärke R abhängig:

$E = k \cdot (R - R_O)^n$; k = Konstante, R_O = Schwellenreiz-
stärke. Wenn n = 1 ist, so ist folgende Aussage
richtig:

A. Eine Verzehnfachung der Reizstärke führt zu einer
   etwa doppelt so starken Empfindung.

B. Eine Verdoppelung der Reizstärke führt zu einer etwa
   doppelt so starken Reizempfindung.

C. Eine Verdoppelung der Reizstärke führt zu einer etwa
   10fach so starken Empfindung.

D. Eine Verzehnfachung der Reizstärke erhöht die
   Empfindung um 10 dB.

E. Wenn in obiger Gleichung n = 1, so liegt keine
   Beziehung zwischen E und R vor, da $(R - R_O)^n = 1$.

16.25	16.5.1 (++)	Fragentyp D
	16.5.2 (++)	

Mehrere der folgenden Phänomene und Vorgänge spielen
eine Rolle bei der Reduzierung des Informationsstromes
auf dem Wege von der Reizeinwirkung bis zu den corticalen Verarbeitungssystemen.

1) Efferente Kontrolle von Receptoren

2) Habituation

3) Kontrolle afferenter Kanäle im Bereich des Hinter-
   horns über descendierende cortico-spinale Bahnen

4) Desynchronisation des Electroencephalogramms

5) Steuerung der cerebralen Durchblutung

6) Verminderung des Aminosäurestoffwechsels des
   Gehirns

Wählen Sie bitte die zutreffende Aussagenkombination.

A. Nur 1, 2 und 3 sind richtig

B. Nur 4, 5 und 6 sind richtig

C. Nur 3 und 4 sind richtig

D. Alle Aussagen sind richtig

E. Nur 4 ist richtig

16.26	16.5.2 (++)	Fragentyp D

Das räumliche Auflösungsvermögen von Reizen im Bereich verschiedener Sinnesmodalitäten (z.B. Gesicht, somatoviscerale Sensibilität)

1) ist ohne weiteres aus der topographischen Anordnung der betreffenden Receptoren verständlich

2) ist nicht ohne die Annahme kontrastverschärfender Phänomene verständlich

3) wird gesteigert durch die Konvergenz-Divergenz-Schaltung, die eine sog. laterale Hemmung ermöglicht

4) beträgt beim Auge für zwei Raumpunkte ca. 1 Bogenminute

5) wird durch die unvermeidbare Divergenzschaltung im Nervensystem erheblich reduziert

Wählen Sie bitte die zutreffende Aussagenkombination.

A. Nur 1 und 3 sind richtig

B. Nur 2, 3 und 4 sind richtig

C. Nur 2 und 4 sind richtig

D. Nur 4 und 5 sind richtig

E. Nur 3 und 4 sind richtig

16.27	16.5.3 (++)	Fragentyp C

Neubildung von zentralnervösen Erregungskreisen sind zwar als neurophysiologisches Korrelat des Kurzzeitgedächtnisses, nicht aber des Langzeitgedächtnisses denkbar,

weil

solche Erregungskreise bei Einwirkung von Elektroschock und Schädeltraumen (Gehirnerschütterung) ausgelöscht werden, das Langzeitgedächtnis jedoch erhalten bleibt.

16.28	16.5.4 (++)	Fragentyp A

Retrograde Amnesie

A. ist das Unvermögen, sich an lange zurückliegende Ereignisse zu erinnern

B. ist eine Alterserscheinung

C. wird experimentell durch Läsionen im Bereich der Hippocampus-Formation hervorgerufen

D. ist eine Gedächtnislücke innerhalb eines kurzen Zeitraumes vor einem Schädeltrauma (z.B. Gehirnerschütterung)

E. beruht auf einer Durchblutungsstörung des Gyrus praecentralis

---

16.29   16.6.3 (++)   Fragentyp D

Aus den folgenden Meßskalen sind die eigenmetrischen herauszusuchen.

1) Unterschiedsschwellen-Skala (z.B. Dol-Skala)

2) Skala, aufgebaut aus Vielfachen und Bruchteilen einer Standardempfindungsintensität (z.B. Sone-Skala)

3) Körpergewichtsskala in kg

4) Körperlängenskala in cm

5) Zeitskala in Lichtjahren

Wählen Sie bitte die zutreffende Aussagenkombination.

A. Nur 1 und 2 sind richtig

B. Nur 3 und 4 sind richtig

C. Nur 1, 2, 3 und 4 sind richtig

D. Keine Aussage ist richtig

E. Alle Aussagen sind richtig

16.30   16.6.3 (++)   Fragentyp A

Welche der folgenden Aussagen ist richtig? Als Eigenmetrik bezeichnet man

A. die Messung der Reizstärke

B. die Messung der Reizstärkenänderung

C. die quantitative Schätzung von Intensitätserlebnissen

D. die Messung der Impulsrate im afferenten Nerven

E. die Messung von Rindenpotentialen

16.31   16.6.4 (+)   Fragentyp A

Welcher der folgenden Begriffe gehört <u>nicht</u> zu den
Grunddimensionen der Sinnesmannigfaltigkeit?

A. Räumlichkeit

B. Stärke des Reizes

C. Qualität

D. Zeitlichkeit

E. Intensität

Kapitel 17
Sehen (R. F. Schmidt)

Welche der in Liste 1 aufgeführten Teile eines Photo-
apparates entsprechen den in Liste 2 aufgeführten
Strukturen des Auges?

  <u>Liste 1</u> (Photoapparat)   <u>Liste 2</u> (Auge)

1) Linsen   A. Retina

2) Blende   B. Cornea und Linse

3) Lichtempfindliche Schicht C. Sclera
  des Films
              D. Ciliarmuskel
4) Entfernungseinstellung
  durch Verschiebung des E. Iris
  Objektes

Durch welchen der folgenden Mechanismen wird normalerweise die Brechkraft des menschlichen Auges verändert?

A. Veränderung der Corneakrümmung

B. Änderung der spezifischen Dichte des Kammerwassers

C. Änderung des Pupillendurchmessers

D. Verkürzung und Verlängerung des Bulbus

E. Veränderung der Linsenkrümmung

17.06	17.1.2 (+++)	Fragentyp A

In welcher Distanz sieht ein Mensch mit normalen Augen
Gegenstände scharf, wenn die Brechkraft des Auges durch
Nahakkommodation von 59 auf 64 dpt (Dioptrien) zuge-
nommen hat?

A.   40 cm

B.   5 cm

C.   20 cm

D. 100 cm

E. 500 cm

17.07 17.08 17.09	17.1.2 (+++)	Fragentyp B

Welche der in Liste 2 gegebenen Definitionen ist für
die in Liste 1 aufgeführten Begriffe am zutreffendsten?

Liste 1

17.07 Nahpunkt

17.08 Fernpunkt

17.09 Akkommodationsbreite

Liste 2

A. Gesamtbrechkraft des Auges bei Einstellung auf
   Unendlich

B. Differenz zwischen minimalem und maximalem Pupillen-
   durchmesser

C. Gegenstandsentfernung für gerade noch scharfe Abbildung auf der Netzhaut bei völlig erschlafftem
   Ciliarmuskel und daher maximal abgeflachter Linse

D. Gegenstandsentfernung bei maximaler Nahakkommodation

E. Differenz (in dpt) der Brechkraft bei Einstellung
   des Nahpunktes und des Fernpunktes

17.10	17.1.3 (+++)	Fragentyp A

Wird die Brennweite f einer Linse in Metern angegeben, ihr Durchmesser r in cm und ihre spezifische Dichte δ als absolute Zahl, so ist ihre Brechkraft D in Dioptrien (dpt) definiert als

A. $D = f \cdot r$

B. $D = \delta \cdot f$

C. $D = \dfrac{1}{f}$

D. $D = \dfrac{1}{\delta \cdot r}$

E. $D = \dfrac{r}{\delta \cdot f}$

17.11	17.1.4 (+++)	Fragentyp C

Bei Presbyopie kommt es zu einer Vereinigung parallel ins Auge fallender Strahlen vor der Netzhaut,

<u>weil</u>

die Linsenelastizität im Alter abnimmt.

17.12 17.13	17.1.4 (+++)	Fragentyp B

Die Ursache der in Liste 1 aufgeführten Akkommodationsfehler ist (Liste 2):

Liste 1	Liste 2
17.12 Astigmatismus	A. Ungleiche Krümmung der Linsenvorderfläche
17.13 Presbyopie	B. Verlängerung des Bulbus
	C. Linsenelastizitätsminderung
	D. Elastizitätsminderung der Zonulafern
	E. Krümmung der Cornea in senkrechter Richtung etwa stärker als in waagrechter Richtung

17.14   17.1.5 (+++)   Fragentyp D

Welche Aussagen sind richtig? Die Pupillen des normalsichtigen Menschen

1) sind bei Tageslicht gleich groß wie im Dunkeln

2) sind bei Tageslicht enger als im Dunkeln

3) sind normalerweise gleich groß für das linke und das rechte Auge

4) verengern sich bei Divergenzbewegung

5) verengern sich bei Konvergenzbewegung

6) verengern sich bei monocularer Belichtung jedes Auges

Wählen Sie bitte unter den folgenden Aussagenkombinationen diejenige, die Sie für zutreffend halten.

A. Nur 1, 2 und 4 sind richtig

B. Nur 2, 3, 4 und 5 sind richtig

C. Nur 2, 3, 5 und 6 sind richtig

D. Nur 3, 4 und 6 sind richtig

E. Nur 1, 4 und 6 sind richtig

17.15   17.1.6 (+)   Fragentyp A

Eine pathologische Erhöhung des Kammerinnendrucks wird Glaukom genannt. Ein Glaukom ist in den meisten Fällen bedingt durch:

A. Abflußbehinderung bei normaler Kammerwasserproduktion

B. Starke Erhöhung der Kammerwasserproduktion

C. Gleichzeitiger Abflußbehinderung und starke Erhöhung der Kammerwasserproduktion

D. Angeborenes Fehlen der Schlemmschen Kanäle

E. Hypertonus der Ciliarmuskeln

17.16   17.2.1 (+)   Fragentyp A

Beim Augenspiegeln im aufrechten Bild erscheint die Netzhaut des Patienten dem Arzt

A. etwa in der natürlichen Größe

B. etwa 15-fach vergrößert

C. etwa 4-fach vergrößert

D. deutlich verkleinert

E. je nach Abstand des Arztauges vom Patientenauge vergrößert, verkleinert oder in natürlicher Größe

17.17   17.2.2 (++)   Fragentyp A

Welche der folgenden Aussagen über die Photoreceptoren der Netzhaut ist <u>falsch</u>?

A. Zwischen den Receptoren und dem Glaskörper liegen die Horizontalzellen, Bipolarzellen, Amakrinen und Ganglienzellen.

B. Es gibt in der menschlichen Retina wesentlich mehr Stäbchen als Zapfen.

C. Die Receptordichte (Receptoren pro Flächeneinheit) ist für die Zapfen in der Mitte der Fovea am höchsten.

D. In der Fovea centralis gibt es keine Stäbchen.

E. Die Receptordichte der Stäbchen ist im parafovealen Bereich am geringsten und nimmt zur Netzhautperipherie hin zu.

17.18   17.2.3 (+++)   Fragentyp A

Welche Aussage ist für Rhodopsin (R.), den Sehfarbstoff der Stäbchen, richtig?

A. R. besteht aus γ-Globulin und Vitamin A.

B. R. ist identisch mit dem Sehfarbstoff in den Zapfen.

C. Die Konzentration von R. nimmt in den Stäbchen bei Dunkeladaptation ab.

D. Eine Lösung von R. sieht rot aus, nach Belichtung sieht eine Lösung von R. farblos aus.

E. Die menschliche Retina enthält kein Rhodopsin.

17.19   17.2.4 (++)   Fragentyp D

Welche Sätze sind für das sekundäre Receptorpotential
einzelner Zapfen der Wirbeltiernetzhaut richtig?

1) Bei Belichtung entsteht ein depolarisierendes
   Receptorpotential der Receptormembran.

2) Bei Belichtung entsteht ein hyperpolarisierendes
   Receptorpotential.

3) Bei Belichtung ändert sich das Membranpotential der
   Receptoren nicht.

4) Das Receptorpotential hat mit Ionenbewegungen nichts
   zu tun.

5) Zwischen der Amplitude des Receptorpotentials und
   der Reizstärke besteht näherungsweise eine loga-
   rithmische Beziehung über zwei bis drei 10 log-
   Einheiten.

Wählen Sie bitte unter den folgenden Aussagenkombinationen diejenige, die Sie für zutreffend halten.

A. Nur 1 und 4 sind richtig

B. Nur 2 und 4 sind richtig

C. Nur 3 ist richtig

D. Nur 1 und 5 sind richtig

E. Nur 2 und 5 sind richtig

17.20   17.2.5 (+)   Fragentyp B
17.21

Welche der in Liste 2 aufgeführten Eigenschaften sind
für die in Liste 1 angegebenen Receptorpotentiale
charakteristisch?

	Liste 1	Liste 2
17.20	Primäres Receptorpotential	A. Persistenz unter $0^{\circ}C$
17.21	Sekundäres Receptorpotential	B. Ionenbewegung und Hyper-polarisation
		C. Ionenbewegung und Depola-risation
		D. Retinol als Transmitter
		E. Retinal als Transmitter

17.22 17.2.6 (+++) Fragentyp A

Welche der folgenden Verknüpfungen stellt in der Retina
die Haupt-Signal-Flußrichtung dar?

A. Receptoren → Ganglienzellen → Bipolarzellen

B. Receptoren → Horizontalzellen → Ganglienzellen

C. Receptoren → Bipolarzellen → Amakrinen

D. Receptoren → Bipolarzellen → Ganglienzellen

E. Receptoren → Horizontalzellen → Amakrinen

17.23 17.2.7 (+++) Fragentyp D

Welche Feststellungen sind richtig? Die receptiven
Felder (RF) retinaler Ganglienzellen der Säugetier-
netzhaut

1) sind im Bereich der Fovea centralis kleiner als in
   der Netzhautperipherie

2) sind über die ganze Netzhaut im Mittel gleich groß

3) lassen sich bei Helladaptation in ein funktionell
   unterschiedliches RF-Zentrum und eine RF-Peripherie
   gliedern

4) sind in ihrer funktionellen Organisation vom Adaptationszustand abhängig

5) sind nur für Neurone der Fovea centralis vorhanden

Wählen Sie bitte unter den folgenden Aussagenkombinationen diejenige, die Sie für zutreffend halten.

A. Nur 1 und 3 sind richtig

B. Nur 1 und 4 sind richtig

C. Nur 2 und 3 sind richtig

D. Nur 1, 3 und 4 sind richtig

E. Nur 3, 4 und 5 sind richtig

17.24   17.2.8 (+)   Fragentyp A

Für die receptive Feldstruktur retinaler Ganglienzellen ist folgende Aussage richtig:

A. Bei on-Zentrum-Neuronen bewirkt Belichtung des gesamten receptiven Feldes immer eine Hemmung.

B. Die räumliche Verteilung erregender und hemmender
   Prozesse im receptiven Feld einer Ganglienzelle
   hängt vom Adaptationszustand der Netzhaut ab.

C. Das receptive Feld einer Ganglienzelle ist entweder
   immer nur erregend oder immer nur hemmend.

D. Alle retinalen Ganglienzellen haben völlig einheit-
   liche receptive Felder.

E. Am dunkeladaptierten Auge können keine receptiven
   Felder mehr abgegrenzt werden.

17.25   17.3.1 (++)   Fragentyp A

Ursprung der Sehstrahlung (Radiatio optica) ist/sind

A. die Colliculi superiores

B. das Corpus geniculatum mediale

C. das Corpus geniculatum laterale

D. der primäre visuelle Cortex (Area 17, Area striata)

E. die prätectale Region des Hirnstamms

17.26   17.3.2 (+++)   Fragentyp A
                         17.3.3 (+)

Welche der folgenden Aussagen über die Eigenschaften
corticaler visueller Neurone im primären, sekundären
und tertiären Cortex ist <u>falsch</u>?

A. Viele corticale visuelle Neurone antworten nur auf
   Konturen bestimmter Orientierung oder auf Konturunterbrechungen.

B. Neben Neuronen mit komplexen und hyperkomplexen
   receptiven Feldern gibt es im visuellen Cortex
   auch Neurone mit einfachen receptiven Feldern.

C. Die Neurone des visuellen Cortex sind in Säulen
   senkrecht zur Hirnoberfläche angeordnet.

D. Neurone mit komplexen und hyperkomplexen receptiven
   Feldern reagieren auf bewegte Reizmuster stärker
   als auf unbewegte.

E. Die Neurone des visuellen Cortex haben in der Regel
   ihr receptives Feld entweder nur im linken oder nur
   im rechten Auge.

17.27   17.4.1 (+++)   Fragentyp A

Bei der Helladaptation sind beim Menschen folgende
Mechanismen für die Anpassung der Empfindlichkeit des
Sehsystems an die erhöhte Umweltleuchtdichte verant-
wortlich (zutreffendste Antwort auswählen):

A. Pupillenconstriction, Veränderung der neuronalen
   Signalverarbeitung in der Netzhaut, Verminderung der
   Konzentration unzerfallener Sehfarbstoffe in den
   Photoreceptoren

B. Pupillendilatation, Erhöhung der Konzentration unzerfallener Sehfarbstoffe in den Photoreceptoren

C. Übergang von Zapfen- zum Stäbchensehen

D. Akkommodation und Pupillenconstriction

E. Veränderung der neuronalen Signalverarbeitung in der
   Netzhaut, Einwanderung von Dunkelpigment zwischen
   die Photoreceptoren

17.28   17.4.2 (++)   Fragentyp A

Die Lichtempfindlichkeit des menschlichen Auges nimmt
von maximaler Helladaption bis zur maximalen Dunkel-
adaption etwa zu um

A. das Doppelte der Ausgangsempfindlichkeit

B. das Zehnfache der Ausgangsempfindlichkeit

C. das 10^4-fache der Ausgangsempfindlichkeit

D. das 10^7-fache der Ausgangsempfindlichkeit

E. das 10^{15}-fache der Ausgangsempfindlichkeit

17.29	17.4.3 (+++)	Fragentyp D

Bei Dunkeladaptation und geringer Umweltleuchtdichte
sind folgende Feststellungen richtig:

1) Die absolute Empfindlichkeit ist in der Fovea
centralis am größten.

2) Die absolute Empfindlichkeit ist direkt neben der
Fovea centralis am größten.

3) Es besteht Farbenblindheit.

4) Es besteht nur eine Einschränkung des Farbensehens
für den Blaubereich.

5) Die Konzentration von Sehfarbstoffen ist in den
Stäbchen und Zapfen relativ hoch im Vergleich zur
Helladaptation.

Wählen Sie bitte unter den folgenden Aussagenkombinationen diejenige, die Sie für zutreffend halten.

A. Nur 1, 3 und 5 sind richtig

B. Nur 2, 3 und 5 sind richtig

C. Nur 2 und 4 sind richtig

D. Nur 1, 2 und 4 sind richtig

E. Nur 3 und 5 sind richtig

17.30	17.4.3 (+++)	Fragentyp C

Röntgenologen tragen oft im Hellen eine rote Adaptati-
onsbrille um im Dunkeln die Dunkeladaptionszeit zu verkürzen,

weil

Licht mit Wellenlängen aus dem Rotbereich des Spektrums
die Stäbchen nur wenig stimuliert, während es den
Zapfen ein verhältnismäßig gutes Funktionieren ermöglicht.

17.31	17.4.4 (++)	Fragentyp A

Der Zeitverlauf der Dunkel- und der Helladaptation ist
unterschiedlich und beträgt jeweils (zutreffendste
Antwort auswählen):

	für die Dunkeladaption	für die Helladaption
A.	mindestens 30 min	einige s
B.	etwa 10 min	etwa 1 min
C.	mehr als 120 min	etwa 5 min
D.	etwa 5 min	etwa 1 s
E.	mindestens 60 min	mindestens 10 min

17.32	17.5.1 (+++)	Fragentyp C

Die periphersten Anteile des Gesichtsfeldes sind auch beim normalsichtigen Gesunden farbenblind,

<u>weil</u>

im äußersten Bereich der Netzhaut (Retina) die Receptorschicht praktisch nur aus Stäbchen besteht.

17.33	17.5.2 (++)	Fragentyp B
17.34		
17.35		

Für die in Liste 1 genannten Gesichtsfeldausfälle ist aus Liste 2 die jeweils wahrscheinlich vorliegende Schädigung auszusuchen.

<u>Liste 1</u>

17.33 Homonyme Hemianopsie links

17.34 Paracentrales Skotom links

17.35 Bitemporale Hemianopsie

<u>Liste 2</u>

A. Schädigung der rechten Sehbahn (Tractus opticus) hinter dem Chiasma opticum

B. Schädigung der kreuzenden Fasern im Zentrum des Chiasma opticum

C. Schädigung der linken Netzhaut oder des linken Sehnerven (Nervus opticus)

D. Schädigung der linken Sehstrahlung (Radiatio optica)

E. Schädigung der rechten primären Sehrinde (visueller Cortex) im Bereich der Area striata (Area 17)

17.36   17.5.3 (+++)   Fragentyp A

Die Sehschärfe (Visus)

A. ist eine dimensionslose Zahl

B. wird in Winkelminuten angegeben

C. hat die Dimension Winkelminuten $^{-1}$

D. ist unabhängig von der Umweltleuchtdichte

E. kann nur durch Augenspiegeln ermittelt werden

17.37   17.6.1 (+++)   Fragentyp D
                     17.6.3 (++)

Welche der folgenden Feststellung über Farbentheorien
sind richtig?

1) Die trichromatische Farbentheorie fordert als Grund-
   lage für das Farbsehen des Menschen drei verschiedene Zapfentypen.

2) Sie fordert zwei verschiedene Zapfentypen und einen
   Stäbchentyp.

3) Die trichromatische Farbentheorie läßt sich mit der
   Gegenfarbentheorie nicht vereinigen.

4) Trichromatische und Gegenfarben-Theorie lassen sich
   durch die Zonentheorie vereinigen.

5) Die trichromatische Farbentheorie geht von einem
   Sehfarbstoff, aber drei verschiedenen Nervenzell-
   klassen in der Ganglienschicht der Retina aus.

Wählen Sie bitte unter den folgenden Aussagenkombinationen diejenige, die Sie für zutreffend halten.

A. Nur 1 und 4 sind richtig

B. Nur 2 und 3 sind richtig

C. Nur 4 und 5 sind richtig

D. Nur 1 und 3 sind richtig

E. Nur 2 und 4 sind richtig

17.38   17.6.2 (++)   Fragentyp A

Der Farbeindruck Gelb entsteht durch additive Mischung
von spektralem

A. Rot und Blau

B. Grün und Rot

C. Grün und Blau

D. Orange und Rot

E. keinem der genannten

| 17.39 | 17.6.4 (++) | Fragentyp A |

Welche der folgenden Aussagen über Störungen des
Farbensinnes trifft zu?

A. Der Protanomale und der Deuteranomale verwechseln
   Rot und Grün.

B. Um die Empfindungsgleichung zu erfüllen, mischt der
   Protanomale im Anomaloskop mehr Grün zur Farb-
   mischung als der normal Farbtüchtige.

C. Die Tritanomalie ist die häufigste Farbsinnstörung.

D. Bei den Tritanopen erscheint das rote Ende des
   Spektrums in Schwarz- und Grautönen.

E. Bei den total Farbenblinden fehlen in der Netzhaut die Zapfen.

| 17.40 | 17.7 (++) | Fragentyp A |

Mit welchen elektrischen Registriermethoden können die
Augenbewegungen gemessen werden?

A. Elektrokardiogramm

B. Elektroretinogramm

C. Elektrooculogramm

D. Elektroencephalogramm

E. Elektrocorticogramm

17.41	17.7.1 (++)	Fragentyp A
	17.7.5 (++)	

Als konjugierte Augenbewegungen bezeichnet man

A. die beidäugige Pupillenverengung bei Nahakkommodation

B. die parallele Bewegung der Sehachsen beider Augen
   beim Wechseln des (unendlich weit entfernten)
   Fixationspunktes

C. die mit der Nahakkommodation verbundene Änderung
   des Winkels beider Sehachsen zueinander

D. die rotatorische Bewegung beider Augen bei Neigung
   des Kopfes zur Seite

E. die Auseinanderbewegung beider Sehachsen beim
   Wechseln von einem nahen zu einem fernen Fixations-
   punkt

17.42	17.7.2 (+++)	Fragentyp A

Saccaden sind

A. langsame Augenfolgebewegungen

B. pendelförmige Drehbewegungen der Augen

C. rhythmische Schließ- und Öffnungsbewegungen der
   Pupille

D. durch Lichtblitze ausgelöste Blinzelbewegungen

E. ruckförmige Bewegungen der Augen

17.43	17.7.3 (++)	Fragentyp A

Wenn Sie aus einem gleichmäßig fahrenden Eisenbahnzug
durch ein Seitenfenster die Landschaft betrachten,
entstehen

A. ruckförmige Konvergenzbewegungen beider Augen

B. ein optokinetischer Nystagmus

C. vom Labyrinth ausgelöste Augenbewegungen

D. unregelmäßige Augenbewegungen, die unabhängig von
   der Fahrtrichtung des Zuges sind

E. rhythmische Pendelbewegungen der Augen

17.44	17.7.4 (+)	Fragentyp A

Bei der Betrachtung eines Bildes sind die Augenbewegungen

A. von den Konturen und Konturunterbrechungen abhängig und für beide Augen in der Regel koordiniert

B. statistisch zufällig

C. ausschließlich von den Farbwerten des Bildes abhängig

D. unkoordiniert für beide Augen, aber abhängig von besonderen Merkmalen des Bildes

E. praktisch nicht vorhanden, denn visuelle Muster können nur bei unbewegtem Auge wahrgenommen werden

17.45	17.8.1 (++)	Fragentyp A

Der Horopter ist

A. das monoculare Gesichtsfeld für eine Hell-Dunkel-Wahrnehmung

B. der Bereich des Gesichtsfeldes, der sich auf die Fovea centralis projiziert

C. jener Bereich des binocularen Gesichtsfeldes, der sich auf beide Foveae centrales projiziert

D. eine gedachte Fläche im Raum, deren Punkte sich auf geometrisch korrespondierenden Netzhautstellen beider Retinae abbilden

E. jener Bereich der Umwelt, der außerhalb des binocularen Gesichtsfeldes liegt

17.46   17.8.1 (++)   Fragentyp D

Welche Mechanismen sind für normales stereoskopisches
Sehen mit zwei Augen notwendig:

1) Binoculare Fusion

2) Flimmerfusion

3) Binoculare Hemmung störender Doppelbilder (bino-
cularer Wettstreit)

4) Querdisparation

5) Gleicher Farbeindruck auf beiden Augen

Wählen Sie bitte unter den folgenden Aussagenkombinationen diejenige, die Sie für zutreffend halten.

A. Nur 1 und 2 sind richtig

B. Nur 1, 3 und 4 sind richtig

C. Nur 2, 3 und 5 sind richtig

D. Nur 3, 4 und 5 sind richtig

E. Nur 1 und 4 sind richtig

17.47   17.8.2 (++)   Fragentyp C

Die monoculare Tiefenwahrnehmung wird ermöglicht durch
Querdisparation,

<u>weil</u>

beim monocularen Sehen alle Gegenstände auf dem
Horopterkreis abgebildet werden.

Kapitel 18
Hören (R. F. Schmidt)

Das hohe c einer Sängerin ist im physikalischen Sinn

A. ein Ton

B. ein Klang

C. ein Geräusch

D. ein Knall

E. eine Schwebung

Die Empfindungsgröße "Tonhöhe" eines Schallereignisses
wird bestimmt durch

A. die Amplitude der Schallschwingungen

B. die Fortleitungsgeschwindigkeit

C. die Richtung, aus der das Schallereignis kommt

D. den Adaptationszustand der Innenohrreceptoren

E. die Frequenz der Schallschwingungen

18.03
18.04   18.1.3 (+++)   Fragentyp B

Welche der in Liste 2 gegebenen Maßeinheiten trifft
jeweils auf die in Liste 1 genannten Schallmeßgrößen
zu?

    Liste 1   Liste 2

18.03 Schallintensität   A. phon

18.04 Schalldruck   B. sone

                        C. dyn/cm^2 = ubar

                        D. pond

                        E. $Watt/cm^2$

18.05   18.1.4 (++)   Fragentyp A

Der Schalldruck, der einen Schalldruckpegel von 20 dB
SPL erzeugt, wird verdoppelt. Es ergibt sich ein neuer
Schalldruckpegel von

A. 22 dB SPL

B. 26 dB SPL

C. 30 dB SPL

D. 40 dB SPL

E. 80 dB SPL

18.06   18.1.5 (++)   Fragentyp C

Bei 1000 Hz sind alle dB-Werte mit den phon-Werten
identisch,

weil

dies durch eine Vereinbarung festgelegt wurde.

18.O7   18.1.6 (+++)   Fragentyp A

Isophone sind

A. Kurven gleichen Schalldruckes

B. Kurven gleicher Schalldruckpegel

C. Kurven gleicher Lautstärkepegel

D. Kurven gleicher Lautheit

E. Kurven gleicher Schallenergie

18.08   18.1.7 (+)   Fragentyp A

Die Isophonen der phon-Skala (Kurven gleicher Lautstärkepegel) wurden durch eine psychophysische Methode
festgelegt. Das Messen des Lautstärkepegels, z.B. in
einer Fabrikhalle,

A. ist daher mit physikalischen Geräten nicht möglich

B. erfolgt durch Personen, die das absolute Gehör besitzen

C. erfolgt durch Messen des Schalldruckpegels und
   Multiplikation mit einem Umrechnungsfaktor

D. geschieht mit Schalldruckpegelmessern, deren
   Empfindlichkeit durch entsprechende Frequenzfilter
   dem Verlauf der Isophonen angenähert ist

E. geschieht durch Aufnahme von Vergleichsaudiogrammen
   mit einem Kollektiv junger, gesunder Versuchs-
   personen

18.09   18.1.8 (++)   Fragentyp D

Für die Audiometrie sind folgende Aussagen richtig:

1) Der klinisch wichtigste Test ist die Schwellen-
   audiometrie.

2) In einem Schwellenaudiogramm wird die normale Hörschwelle als gerade Linie dargestellt und mit 0 dB
   bezeichnet.

3) Hörverluste werden in der Audiogrammdarstellung nach
   unten abgetragen und geben an, um wieviel dB die
   Hörschwelle eines Patienten über der normalen Hörschwelle liegt.

4) In einem Schwellenaudiogramm werden die Schwellen
   in dB SPL angegeben. Sie liegen normalerweise bei
   4 phon.

5) Durch ein Schwellenaudiogramm können Schalleitungs-
   von Schallempfindungsstörungen deutlich unter-
   schieden werden.

Wählen Sie bitte unter den folgenden Aussagenkombinationen diejenige, die Sie für zutreffend halten.

A. Nur 1, 3 und 5 sind richtig

B. Nur 2, 3 und 5 sind richtig

C. Nur 1, 2 und 3 sind richtig

D. Nur 1, 2 und 4 sind richtig

E. Nur 1, 4 und 5 sind richtig

18.10   18.1.9 (+)   Fragentyp B
18.11

Bei einer Hörprüfung nach Rinne und Weber werden die
in Liste 1 angeführten Befunde erhoben. Ordnen Sie die
jeweils zutreffende Diagnose aus Liste 2 zu.

    <u>Liste 1</u>

18.10 Rechtes Ohr: Rinne positiv

     Linkes Ohr: Rinne negativ

     Weber: Ton nach links lateralisiert

18.11 Linkes Ohr: Rinne positiv

     Rechtes Ohr: Rinne positiv

     Weber: Ton nach rechts lateralisiert

<u>Liste 2</u>

A. Linkes Mittelohr geschädigt, rechtes Ohr normal

B. Linkes Innenohr geschädigt, rechtes Ohr normal

C. Mittel- und Innenohr rechts geschädigt, linkes Ohr normal

D. Mittel- und Innenohr links geschädigt, rechtes Ohr normal

E. Rechtes Innenohr geschädigt, linkes Ohr normal

18.12   18.1.10 (+++)   Fragentyp C

Der gesunde junge Erwachsene kann Schallereignisse von mehr als 20 kHz nicht mehr wahrnehmen,

<u>weil</u>

das Trommelfell und der Schalleitungsapparat des Mittelohres so hohe Frequenzen nicht mehr fortleiten können.

18.13   18.1.11 (+++)   Fragentyp D

Der Hauptsprachbereich

1) liegt im mittleren Bereich der Hörfläche

2) reicht von etwa 200 Hz bis 3 kHz

3) umfaßt Lautstärkepegel von etwa 45 bis 75 phon

4) reicht von etwa 20 Hz bis 16 Hz

5) umfaßt Lautstärkepegel von etwa 4 bis 110 phon

Wählen Sie bitte unter den folgenden Aussagenkombinationen diejenige, die Sie für zutreffend halten.

A. Nur 1, 2 und 3 sind richtig

B. Nur 2 und 3 sind richtig

C. Nur 1, 4 und 5 sind richtig

D. Nur 4 und 5 sind richtig

E. Nur 1, 3 und 4 sind richtig

18.14	18.1.11 (+++)	Fragentyp A

Welchen Frequenzbereich müssen Übertragungssysteme wie
Telefon oder Diktiergeräte mindestens umfassen, um
eine ausreichende Sprachverständlichkeit zu erreichen?

A. 300 Hz bis 3 kHz

B. 30 Hz bis 3 kHz

C. 100 Hz bis 10 kHz

D. 50 Hz bis 5 kHz

E. 20 Hz bis 16 kHz

18.15	18.1.12 (++)	Fragentyp A

Die Frequenzunterschiedsschwelle (Schwelle für Unter-
scheidung der Tonhöhe) liegt beim Hören bei einer
Frequenzänderung von

A. 1 bis 2 Hz

B. meist um 10 Hz

C. etwa 10 % der Ausgangsfrequenz

D. etwa 3 % der Ausgangsfrequenz

E. meist unter 1 % der Ausgangsfrequenz

18.16	18.1.13 (++)	Fragentyp C

Bei der akustischen Raumorientierung spielen Inten-
sitätsunterschiede (Pegeldifferenzen) des Schalldruckes
an beiden Ohren keine Rolle,

weil

zur Erstellung des akustischen Raumeindruckes ausschließlich Laufzeitdifferenzen zwischen beiden Ohren
ausgewertet werden.

18.17   18.1.14 (+)   Fragentyp A

Die Lokalisation einer Schallquelle

A. ist möglich, wenn sie sich vor, hinter oder seitlich des Kopfes befindet

B. ist nur möglich, wenn sie sich vor dem Kopf bzw.
   leicht seitlich befindet, sonst nicht

C. ist nur möglich, wenn die Abweichung von der Gerade-
   ausrichtung kleiner als $30°$ ist

D. gelingt ohne Mithilfe der Augen überhaupt nicht

E. gelingt nur, wenn in dem Schallereignis Frequenzen
   unter 1000 Hz enthalten sind, sonst nicht

18.18   18.2.1 (++)   Fragentyp A

Die Receptoren des Innenohres können über Luft- und
über Knochenleitung angeregt werden. Welche der folgenden Aussagen über diese beiden Formen der Schall-
aufnahme trifft am wenigsten zu?

A. Bei Luftleitung nimmt das Trommelfell den Schall auf.

B. Die wichtigste Funktion des Trommelfell-Gehör-
   knöchelchenapparates ist die Anpassung der Schall-
   wellenwiderstände von Luft und Innenohr aneinander.

C. Bei der Knochenleitung entstehen in den schwingenden
   Schädelknochen Zonen von Kompression und Dekompres-
   sion, die zu Flüssigkeitsschwingungen in der Cochlea
   führen.

D. Durch Schwingungen des Schädelknochens bei Knochenleitung kommt es zu Relativbewegungen zwischen
   Stapes und Felsenbein und damit zu Flüssigkeitsschwingungen in der Cochlea.

E. Knochenleitung spielt im täglichen Leben vor allem
   für die Übertragung hoher Frequenzen auf das Innenohr eine entscheidende Rolle.

18.19   18.2.2 (+++)   Fragentyp A

Welche der folgenden Aussagen ist am zutreffendsten?
Der Trommelfell-Gehörknöchelchenapparat

A. wirkt als Tiefpassfilter, um Trittschallschwingungen
   beim Gehen vom Innenohr fernzuhalten

B. dient ausschließlich der Überbrückung des Zwischen-
   raumes zwischen Trommelfell und ovalem Fenster

C. vermindert die Reflexionsverluste beim Übertritt
   des Schalles von Luft auf das Innenohr

D. verhindert durch seine Konstruktion (Hebelarme!)
   eine Schädigung des Innenohres bei Beschallung

E. ist ein entwicklungsgeschichtliches Relikt, das aus
   den Kiemenbögen stammt, aber beim Säuger ohne besondere Bedeutung ist

18.20   18.2.3 (+)   Fragentyp C

Die Mittelohrmuskeln bieten einen wirksamen Schutz vor
überlauten Schallereignissen,

<u>weil</u>

die Mittelohrmuskeln sich bei Beschallung reflektorisch
kontrahieren.

18.21   18.3.1 (+)   Fragentyp A

Welche der folgenden Aussagen über die Peri- und
Endolymphe ist <u>falsch</u>?

A. Die Endolymphe ist reich an K^+-Ionen.

B. Die Perilymphe ist reich an Na^+-Ionen.

C. Die Flüssigkeitsräume von Scala media (Endolymphe)
   und Scala vestibuli plus Scala tympani (Perilymphe)
   stehen am Helicotrema miteinander in Verbindung.

D. Die Perilymphe entspricht in ihrer Ionen-Zusammen-
   setzung etwa der der extracellulären Flüssigkeit im
   Zentralnervensystem.

E. Die Zusammensetzung der Endolymphe wird besonders von
   der Stria vascularis aufrecht erhalten.

18.22	18.3.2 (++)	Fragentyp A

Welche Aussage ist am zutreffendsten? Die Wander-
wellentheorie besagt,

A. daß der Schall vom Trommelfell über die Gehör-
knöchelchen zum Innenohr wandert

B. daß in der Cochlea bei Beschallung stehende Wellen
entstehen

C. daß eine Welle vom Helicotrema zum Stapes läuft, die
frequenzabhängig im Zwischenbereich ein Maximum aus-
bildet

D. daß eine Welle vom Stapes zum Helicotrema läuft, die
frequenzabhängig im Zwischenbereich ein Maximum aus-
bildet

E. daß Schall sich in Luft wellenförmig ausbreitet

| 18.23 | 18.3.3 (++) | Fragentyp B |
| 18.24 | | |

Für welche der in Liste 1 genannten Potentiale treffen
die in Liste 2 gegebenen Beschreibungen am besten zu?

Liste 1

18.23 Bestandspotential

18.24 Mikrophonpotential

Liste 2

A. Am ovalen Fenster ableitbar, deutliche Schwelle,
kurze Refraktärzeit

B. Potentialdifferenz in Ruhe zwischen Stria vascularis
und Cortischem Organ

C. Summenaktionspotential des N. acusticus, am runden
Fenster ableitbar

D. Am runden Fester ableitbar, gibt Schalldruckverlauf
wieder

E. Potentialdifferenz in Ruhe zwischen Scala vestibuli
(Bezugspunkt) und Scala media (positiv) einerseits
und Stria vascularis und Cortischem Organ (negativ)
andererseits

18.25   18.4.1 (++)   Fragentyp A

Welche Aussage ist am zutreffendsten? Eine primär
afferente Faser des Hörnerven läßt sich

A. durch beliebige Schallreize aktivieren, sofern sie
   nur überschwellig sind

B. nur durch reine Töne aktivieren

C. nur durch komplexe Schalle, wie z.B. frequenz- oder
   amplitudenmodulierte Töne, aktivieren

D. nur beim An- oder Ausschalten eines Schallreizes
   (on- und off-Neurone) aktivieren

E. nur durch Sprachlaute aktivieren

18.26   18.4.2 (++)   Fragentyp D

Zur Hörbahn gehören unter anderem folgende Zentren:

1) Nucleus cochlearis

2) Colliculus superior

3) Corpus geniculatum mediale

4) Corpus geniculatum laterale

5) Hörrinde

6) obere Olive

7) Nucleus lentiformis

Wählen Sie bitte unter den folgenden Aussagenkombinationen diejenige, die Sie für zutreffend halten.

A. Nur 1, 2, 4 und 5 sind richtig

B. Nur 1, 3, 5 und 6 sind richtig

C. Nur 2, 4 und 5 sind richtig

D. Nur 4, 5 und 6 sind richtig

E. Nur 3, 5, 6 und 7 sind richtig

18.27   18.4.3 (++)   Fragentyp A

Auf welcher Ebene der zentralen Hörbahnen ist es aufgrund der anatomischen Verschaltung erstmals möglich,
akustische Signale, die auf beide Ohren einwirken, miteinander zu vergleichen?

A. Nucleus cochlearis

B. Olivenkomplex

C. Nucleus lateralis lemnisci (lateraler Schleifenkern)

D. Colliculi inferiores (untere Vierhügel)

E. Corpus geniculatum laterale

18.28	18.4.4 (++)	Fragentyp A

Welche der folgenden Aussagen über die Eigenschaften
zentraler Neurone des Hörsystems trifft <u>am wenigsten</u>
zu?

A. Neurone des ventralen Nucleus cochlearis verhalten
   sich ähnlich wie die des Hörnerven.

B. Im dorsalen Nucleus cochlearis werden manche Neurone
   durch bevorzugte Frequenzen erregt, durch daran
   anschließende, benachbarte Frequenzen aber gehemmt.

C. Je weiter man sich in der Hörbahn von der Cochlea
   entfernt, desto komplexere Schallmuster muß man ver-
   wenden, um die Neurone aktivieren zu können.

D. In der primären Hörrinde lassen sich die meisten der
   auf Schallreize empfindlichen Neurone am besten
   durch reine Töne aktivieren.

E. Die meisten der auf Schallreize empfindlichen
   Neurone der primären Hörrinde im Temporallappen
   werden vom contralateralen Ohr aktiviert.

Kapitel 19
Somato-viscerale Sensibilität (W. Jänig)

Wie würden Sie folgende Empfindungen nach ihrem affektiven Gehalt ordnen?

A. Dumpfer Schmerz > Kitzel > Vibration > heller Schmerz

B. Heller Schmerz > dumpfer Schmerz > Kitzel > Vibration

C. Vibration > Kitzel > dumpfer Schmerz > heller Schmerz

D. Dumpfer Schmerz > heller Schmerz > Kitzel > Vibration

E. Kitzel > heller Schmerz > dumpfer Schmerz > Vibration

Welche der folgenden Aussagen über die Zuordnung von afferenten Nervenfasern und Receptoren sind richtig?

1) Pacinische Körperchen und Meissner-Körperchen werden von Gruppe II-Fasern innerviert.

2) Noci- und Thermoreceptoren werden nur von Gruppe IV-Fasern innerviert.

3) Gelenkreceptoren werden durch Gruppe I-Fasern innerviert.

4) Warm- und Kaltreceptoren werden nur durch Gruppe III-Fasern innerviert.

5) Sehnenorgane und Muskelspindeln werden von Gruppe I-Fasern innerviert.

Wählen Sie unter folgenden Aussagenkombinationen die richtige aus.

A. Nur 1 und 5 sind richtig

B. Nur 2, 4 und 5 sind richtig

C. Nur 3 und 4 sind richtig

D. Nur 1, 3 und 5 sind richtig

E. Nur 2 und 4 sind richtig

19.03   19.2.3 (++)   Fragentyp A

Was ist ein Dermatom?

A. Das Innervationsgebiet eines Hautnerven

B. Der Bereich im Rückenmark, in den die Afferenzen
   eines umschriebenen Hautareals projizieren

C. Der Eingeweidebereich, der von demselben Rücken-
   marksegment innerviert wird wie das entsprechende
   Hautareal

D. Das Innervationsgebiet eines Spinalnerven in der
   Haut

E. Das Innervationsgebiet einer Ventralwurzel

19.04   19.2.4 (+++)   Fragentyp A

Die zum Cortex projizierenden sensorischen Bahnen
werden alle synaptisch umgestaltet

A. im Hinterhorn

B. in der Formatio reticularis

C. in den Nuclei cuneatus und gracilis

D. im Thalamus

E. im Vorderhorn

19.05	19.2.4 (+++)	Fragentyp A

Thermische cutane Reize werden zentral gemeldet über

A. den spinocervicalen Trakt

B. die spinocerebellären Trakte

C. den Hinterstrang

D. den Vorderseitenstrang

E. die Pyramidenbahn

19.06	19.2.4 (+++)	Fragentyp D

Welche der folgenden Merkmale treffen für die Hinter-
strang- und Vorderseitenstrangbahnen zu?

1) Die Hinterstrangbahnen kreuzen im Hirnstamm.

2) In die Vorderseitenstrangbahnen projizieren nur die
   Afferenzen von Nociceptoren.

3) Die Gruppe II-Afferenzen von Mechanoreceptoren haben
   Collaterale in den Hinterstrangbahnen.

4) Die Vorderseitenstränge projizieren in den Nucleus
   cuneatus.

5) Die Axone in den Hinterstrangbahnen werden 3 bis 4
   Segmente oberhalb der Eintrittstelle ins Rückenmark
   synaptisch umgeschaltet.

Wählen Sie unter folgenden Aussagenkombinationen die
richtige aus.

A. Nur 1, 2 und 3 sind richtig

B. Nur 2, 3 und 4 sind richtig

C. Nur 2 und 5 sind richtig

D. Nur 1 und 3 sind richtig

E. Nur 4 und 5 sind richtig

19.07	19.2.5 (++)	Fragentyp D

Die dissoziierte Empfindungslähmung bei Zerstörung des
rechten Rückenmarks hat folgende Merkmale:

1) Ausfall der Vibrationsempfindung von links

2) Ausfall oder starke Verminderung der Temperatur-
   empfindung von rechts

3) Totaler Ausfall der Druckempfindung von rechts

4) Ausfall oder starke Verminderung der Schmerzempfindung von links

5) Ausfall des Kraftsinnes von rechts

Wählen Sie unter folgenden Aussagenkombinationen die
richtige aus.

A. Nur 3, 4 und 5 sind richtig

B. Nur 1, 2 und 3 sind richtig

C. Nur 4 und 5 sind richtig

D. Nur 2 und 4 sind richtig

E. Nur 1 und 2 sind richtig

19.08   19.2.6 (+++)   Fragentyp D
____

Der Gyrus postcentralis hat folgende Merkmale:

1) Arm- und Rumpfregion sind überproportional repräsentiert.

2) Die Region des Knies ist an der medialen Mantelkante repräsentiert.

3) Die Neurone sind in Columnen organisiert.

4) Der Gyrus postcentralis ist ein Associationsfeld.

5) In den Gyrus postcentralis projiziert im wesentlichen der Hypothalamus.

Wählen Sie unter folgenden Aussagenkombinationen die
richtige aus.

A. Nur 1, 2 und 4 sind richtig

B. Nur 3 und 5 sind richtig

C. Nur 2 und 3 sind richtig

D. Nur 3 und 4 sind richtig

E. Nur 1 und 5 sind richtig

19.09	19.2.6 (+++)	Fragentyp A

Somatotopische Organisation im somatosensorischen
System bedeutet

A. eine geometrische Zuordnung zwischen somato-
sensorischem und motorischem System

B. die Codierung von Reizen auf der Hautoberfläche
im somatosensorischen System

C. die räumlich getrennte Projektion von Thermoreceptoren, Mechanoreceptoren und Nociceptoren in
die Großhirnrinde

D. die geometrische Abbildung der Körperoberfläche
im somatosensorischen System

E. die Spezifität, mit der Neurone im somatosensorischen System Vibrationsreize, Druckreize,
thermische Reize oder nociceptive Reize codieren

19.10 19.11 19.12 19.13	19.3.1 (+++)	Fragentyp E

Durch welchen der Reize in Liste 2 kann man die
Receptortypen in Liste 1 optimal erregen?

<u>Liste 1</u>

19.10 Langsam adaptierender
Receptor ohne D-Ver-
halten

19.11 Pacinisches Körperchen

19.12 Kaltreceptor

19.13 Warmreceptor

<u>Liste 2</u>

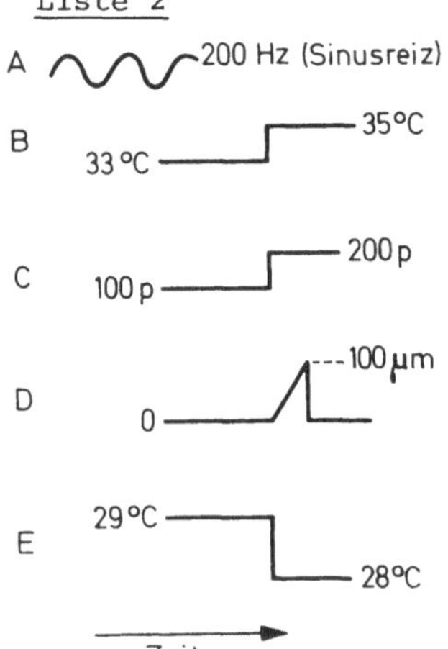

19.14	19.3.3 (+++)	Fragentyp E
19.15		
19.16		

Mit welchem der folgenden mechanischen Reize (Liste 2)
würden Sie reine Intensitäts-, Geschwindigkeits- und
Beschleunigungsdetektoren (Liste 1) am ehesten testen?

Liste 1

19.14 Intensitätsdektor
für Druck (z.B. Druck-
receptor)

19.15 Geschwindigkeits-
detektor (z.B. Be-
rührungsreceptor)

19.16 Beschleunigungs-
detektor (z.B.
Vibrationsreceptor)

Liste 2

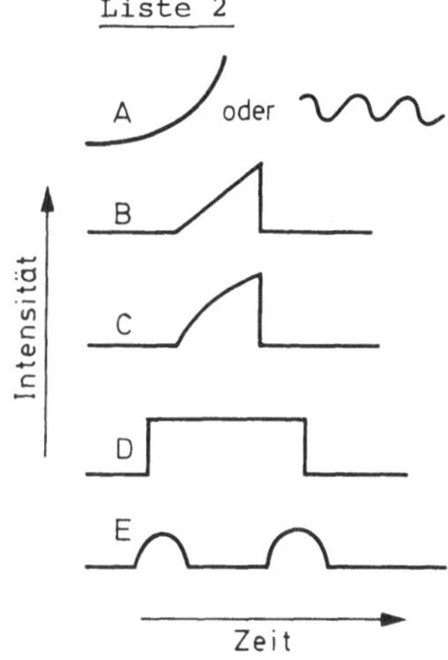

Ein Gelenkreceptor, der sowohl die Gelenklage als auch
die Geschwindigkeit der Gelenkbewegung codiert, ant-
wortet bei Änderung der Gelenkstellung auf folgende
Art und Weise:

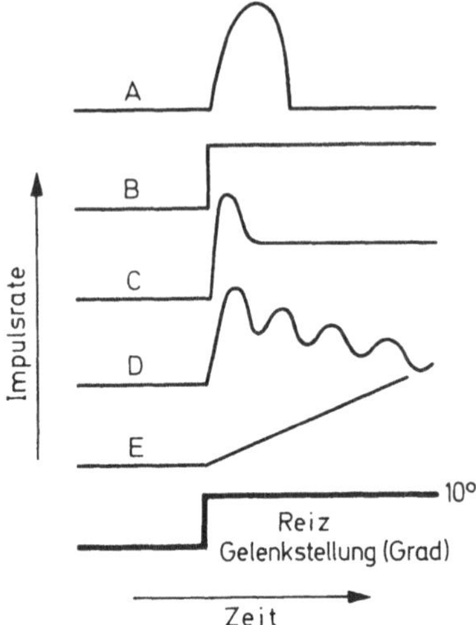

Ein auf die Haut gelegtes kaltes Gewichtsstück erscheint wahrscheinlich deswegen schwerer als ein gleich
schweres Gewicht von indifferenter Temperatur,

<u>weil</u>

manche Mechanoreceptoren auch durch Kältereize erregt
werden.

Welche der folgenden Reihen gibt die relativen Häufig-
keiten von Kalt-, Warm-, Schmerz- und Druckpunkten auf
der Unterarmhaut richtig wieder (> bedeutet zahlreicher als)?

A. Druck   > Kalt   > Schmerz > Warm

B. Warm   > Kalt   > Druck   > Schmerz

C. Schmerz > Druck   > Kalt   > Warm

D. Kalt   > Schmerz > Druck   > Warm

E. Kalt   > Warm   > Schmerz > Druck

19.20	19.5.2 (++)	Fragentyp A

Welche Reihenfolge haben die aufgeführten Hautgebiete nach der Größe ihrer simultanen Raumschwelle (< bedeutet kleiner als)?

A. Zeigefingerspitze < Zungenrand < Stirn < Fußrücken < Rücken

B. Zungenrand < Fußrücken < Stirn < Zeigefingerspitze < Rücken

C. Zungenrand < Zeigefingerspitze < Stirn < Fußrücken < Rücken

D. Stirn < Zeigefingerspitze < Zungenrand < Rücken < Fußrücken

E. Zeigefingerspitze < Stirn < Zungenrand < Rücken < Fußrücken

---

19.21	19.5.2 (++)	Fragentyp C

Die simultane Raumschwelle der Rückenhaut des Menschen liegt bei 2 cm,

<u>weil</u>

die Receptordichte in diesem Hautgebiet im Vergleich zur Hand niedrig ist.

19.22	19.5.3 (++)	Fragentyp A

Simultane Raumschwelle (Simul) und successive Raumschwelle (Success) stehen in folgender Relation zueinander:

A. Simul < Success

B. Simul und Success nicht korreliert

C. Success < Simul

D. Success immer 1 cm kleiner als Simul

E. Success immer gleich Simul

19.23	19.5.4 (+++)	Fragentyp D

Höhere tactile Discriminationsleistungen, wie Erkennen
geschriebener Zahlen auf dem Rücken, sind gebunden an

1) die Intaktheit der Vorderwurzeln

2) ein örtlich und zeitlich starres Reizmuster

3) die Intaktheit der parietalen Associationsfelder

4) die Intaktheit der Hinterstränge

5) ein Reizmuster, welches zeitlich und/oder örtlich
   variiert

Wählen Sie unter folgenden Aussagenkombinationen die
richtige aus.

A. Nur 1, 3 und 4 sind richtig

B. Nur 2 und 4 sind richtig

C. Nur 3 und 5 sind richtig

D. Nur 1, 2 und 4 sind richtig

E. Nur 3, 4 und 5 sind richtig

19.24	19.5.4 (+++)	Fragentyp D

Höhere taktile Discriminationsfähigkeiten sind an die
Intaktheit folgender neuronaler Strukturen gebunden:

1) Cortical Associationsareale

2) Thalamus anterior

3) Lemniscus medialis

4) Hinterstränge

5) Cerebellum

Wählen Sie unter folgenden Aussagenkombinationen die
richtige aus.

A. Nur 1, 3 und 4 sind richtig

B. Nur 2 und 4 sind richtig

C. Nur 3, 4 und 5 sind richtig

D. Nur 1 und 4 sind richtig

E. Nur 2 und 5 sind richtig

| 19.25 | 19.5.5 (++) | Fragentyp A |

Welche der folgenden Receptortypen sind an der Ver-
mittlung der Kraftempfindung beteiligt?

A. Nur Pacinische Körperchen und Muskelreceptoren

B. Vor allem Gelenkreceptoren, Muskelspindelreceptoren
   und Sehnenorgane

C. Vor allem langsam adaptierende Hautreceptoren, Haar-
   follikelreceptoren und Gelenkreceptoren

D. Nur Muskelspindelreceptoren und Tastscheiben

E. Nur Muskelspindelreceptoren

19.26	19.5.5 (++)	Fragentyp B
19.27	19.8.1 (++)	
19.28		
19.29		

Ordnen Sie die Empfindungen in Liste 2 den Begriffen
in Liste 1 zu.

     Liste 1   Liste 2

19.26 Thermoreception   A. Kraftempfindung

19.27 Tiefensensibilität   B. Thermische Empfindung

19.28 Schmerzsensibilität   C. Kitzelempfindung

19.29 Vibrationssinn   D. Empfindung bei 150 Hz
                                      Sinusreiz auf die Haut

                             E. Juckempfindung

19.30	19.6.2 (+++)	Fragentyp A

Bei welcher Frequenz eines sinusförmigen mechanischen
Reizes ist die Empfindungsschwelle am niedrigsten?

A. 600 Hz

B. 150 Hz

C. 80 Hz

D. 50 Hz

E. 10 Hz

19.31	19.6.2 (+++)	Fragentyp E

Wie reagiert ein Thermoreceptor auf einen Temperatursprung?

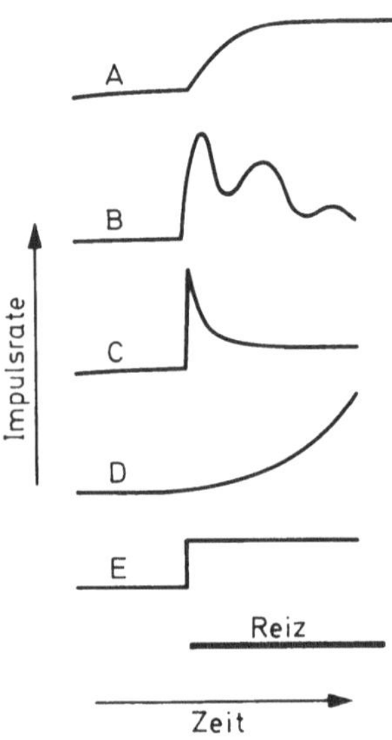

19.32	19.6.2 (+++)	Fragentyp C
	19.6.3 (++)	

Ein Temperatursprung von 33 auf 31°C auf der Haut erzeugt eine rasch an Intensität abnehmende Kälteempfindung,

<u>weil</u>

die Thermoreceptoren adaptieren.

19.33	19.6.3 (++)	Fragentyp D

Welche der folgenden Merkmale treffen für Kaltreceptoren zu?

1) Sie sind nicht aktiv bei Hauttemperaturen über 45°C.

2) Sie werden aktiviert durch einen Temperatursprung von 26° auf 28°C.

3) Sie werden aktiviert durch einen Temperatursprung von 33° auf 32°C.

4) Sie zeigen nur Proportionalverhalten.

5) Sie haben ihre optimale statische Empfindlichkeit bei 25 - 30°C.

Wählen Sie unter folgenden Aussagenkombinationen die richtige aus.

A. Nur 2 und 4 sind richtig

B. Nur 1, 3 und 5 sind richtig

C. Nur 2, 3 und 4 sind richtig

D. Nur 3 und 5 sind richtig

E. Nur 1, 4 und 5 sind richtig

19.34   19.6.4 (+)   Fragentyp A

Die statische Erregung von Warmreceptoren hat ihr
Maximum bei etwa

A. 30 - 32°C

B. 36 - 38°C

C. 40 - 45°C

D. 45 - 50°C

E. 50 - 55°C

19.35   19.6.4 (+)   Fragentyp A

Eine nichtschmerzhafte Dauerempfindung kann nur durch
kleinflächige thermische Reize (Thermode auf Unterarm)
ausgelöst werden, die

A. kleiner als 20°C sind

B. kleiner als 26°C sind

C. größer als 45°C sind

D. kleiner als 20°C und größer als 40°C sind

E. kleiner als 28°C und größer als 36°C sind

19.36   19.6.5 (++)   Fragentyp A

Die Schmerzschwelle für einen thermischen Reiz liegt bei
etwa

A. 40°C Hauttemperatur

B. 55°C Hauttemperatur

C. 45°C Hauttemperatur

D. 20°C Hauttemperatur

E. 37°C Hauttemperatur

19.37   19.7.1 (+++)   Fragentyp A

Welche der Strukturen enthält sehr wahrscheinlich keine
Schmerzreceptoren?

A. Dura Mater

B. Pia Mater

C. Eingeweide

D. Periost

E. Trigonum vesicae

19.38	19.7.2 (+++)	Fragentyp A

Der Tiefenschmerz hat folgende Merkmale:

A. Er hat seine Ursache in den Eingeweiden und wird in die Haut projiziert.

B. Er adaptiert nicht und wird von vegetativen Reflexen und affektiven Reaktionen begleitet.

C. Er ist gut lokalisierbar und wird auch als der 2. Schmerz bezeichnet.

D. Er wird durch viscerale Afferenzen codiert.

E. Er wird über die Hinterstränge zum Cortex gemeldet.

19.39	19.7.2 (+++)	Fragentyp B
19.40	19.7.3 (++)	
19.41		
19.42		

Ordnen Sie die Schmerzqualitäten in Liste 1 den Schmerzbeispielen in Liste 2 zu.

Liste 1	Liste 2
19.40 Tiefenschmerz	A. "Heller" gut lokalisierbarer Oberflächenschmerz
19.41 1. Schmerz	
19.42 2. Schmerz	B. Dumpfer Oberflächenschmerz
19.43 Visceraler Schmerz	C. Gallenkolik
	D. Muskelkrampf

19.43	19.7.2 (+++)	Fragentyp D
	19.7.3 (++)	

Für die Modalität Schmerz gilt:

1) Die Modalität Schmerz besteht ausschließlich aus dem 1. und 2. Schmerz.

2) Die Qualität somatischer Schmerz besteht aus dem Oberflächenschmerz und dem Tiefenschmerz.

3) Der Tiefenschmerz umfaßt Muskelkrampfschmerz und Ulcusschmerz.

4) Der viscerale Schmerz umfaßt Eingeweideschmerz und Kopfschmerz.

5) Der Oberflächenschmerz besteht aus dem "hellen" Schmerz und dem "dumpfen" Schmerz.

Welche der folgenden Aussagenkombinationen ist richtig?

A. Nur 1, 3 und 5 sind richtig

B. Nur 2 und 5 sind richtig

C. Nur 3 und 4 sind richtig

D. Nur 1, 2 und 5 sind richtig

E. Nur 2 und 4 sind richtig

19.44	19.7.5 (++)	Fragentyp C

Es ist möglich, in die Baucheingeweide hineinzuschneiden, ohne Schmerzen hervorzurufen,

<u>weil</u>

die Eingeweide keine Schmerzreceptoren enthalten.

19.45   19.7.6 (++)   Fragentyp E

Welche der folgenden Kurven geben die Intensität einer
Schmerzempfindung auf einen konstanten nociceptiven
Reiz am besten wieder?

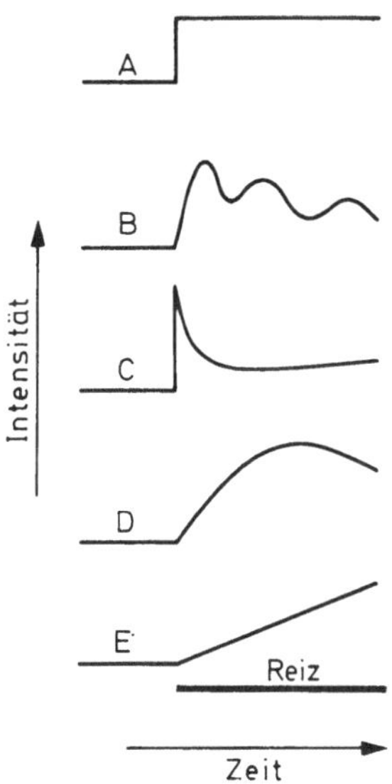

19.46   19.7.8 (++)   Fragentyp B
19.47
19.48

Welche morphologischen Substrate (Liste 2) entsprechen
wahrscheinlich den in Liste 1 aufgeführten Receptoren?

Liste 1   Liste 2

19.47 Langsam adaptierende   A. Pacinische Körperchen
      Mechanoreceptoren
                                B. Endplatten
19.48 Nociceptoren
                                C. Meissner-Körperchen
19.49 Vibrationsreceptoren
                                D. Merkelzellkomplexe

                                E. Freie Nervenendigungen

19.49   19.7.9 (++)   Fragentyp A

Welche der folgenden Schmerzformen sind besonders von
affektiven und vegetativen Reaktionen begleitet?

A. Jeder somatische Schmerz

B. Der 2. Schmerz und der Tiefenschmerz

C. Jeder Schmerz ist in gleicher Weise von affektiven
   und vegetativen Symptomen begleitet

D. Jeder Oberflächenschmerz

E. Nur der viscerale Schmerz

19.50   19.7.9 (++)   Fragentyp D

Die Entstehung der Schmerzempfindung ist gebunden an
die Intaktheit

1) des dorsolateralen Traktes im Rückenmark

2) der Hinterstränge

3) des Tractus spinothalamicus lateralis

4) thalamocorticaler Bahnen

5) der Pyramidenbahn

Wählen Sie unter folgenden Aussagenkombinationen die
richtige aus.

A. Nur 4 und 5 sind richtig

B. Nur 2 und 5 sind richtig

C. Nur 3 und 4 sind richtig

D. Nur 1, 2 und 3 sind richtig

E. Nur 1, 3 und 5 sind richtig

19.51   19.8.1 (++)   Fragentyp D

Jucken ist ein Phänomen,

1) welches durch besondere Impulsmuster in dicken
   myelinisierten Hautafferenzen von langsam adaptierenden Mechanoreceptoren erzeugt wird

2) das möglicherweise eine besondere Schmerzqualität
   ist

3) das durch Gruppe II- und III-Axone von der Haut
   codiert wird

4) das wahrscheinlich chemisch durch Histamin ausgelöst wird

5) das wahrscheinlich durch die neuronale Interaktion
   zwischen nociceptiven Impulsen und nicht-noci-
   ceptiven Impulsen in den Hinterstrangkernen hervorgerufen wird

Welche der folgenden Aussagenkombinationen ist richtig?

A. Nur 1, 3 und 4 sind richtig

B. Nur 2 und 5 sind richtig

C. Nur 1, 3 und 5 sind richtig

D. Nur 2 und 4 sind richtig

E. Nur 3 und 5 sind richtig

19.52   19.8.2 (+++)   Fragentyp C

Bei Verengung der Coronararterien infolge Arterio-
sklerose kommt es, abgesehen von dumpfen Schmerzen in
der Herzgegend, häufig zu Schmerzen in der linken
Schulter,

<u>weil</u>

viele Schmerzafferenzen aus dem betreffenden Rückenmarkssegment je eine Collaterale aus Haut und vom
Herzen erhalten.

19.53	19.8.2 (+++)	Fragentyp B
19.54		
19.55		
19.56		

Welche der Schmerzempfindungen in Liste 2 werden mit den Begriffen in Liste 1 bezeichnet?

Liste 1

19.55 Phantomschmerz

19.56 Projizierter Schmerz

19.57 Übertragener Schmerz

19.58 Heller Schmerz

Liste 2

A. Schmerz erzeugt durch Magenkrämpfe

B. Schmerzempfindungen, die in amputierte Gliedmaßen lokalisiert werden

C. Schmerz erzeugt durch Kompression eines Spinalnerven

D. Schmerzempfindung auf Körperoberfläche bei Erkrankungen innerer Organe

E. Erste Schmerzempfindung bei Nadelstich

19.57	19.9.1 (+)	Fragentyp D
	19.9.3 (+++)	
	19.9.5 (+)	

Folgende Maßnahmen werden zur therapeutischen Schmerzbekämpfung benutzt:

1) Thalamotomie

2) Ipsilaterale Vorderseitenstrangdurchtrennung

3) Lokalanaesthesie und Lumbalanaesthesie

4) Ruhigstellung, Diathermie (physikalische Therapie)

5) Durchschneidung des Lemniscus medialis

Wählen Sie unter folgenden Aussagenkombinationen die richtige aus.

A. Nur 2 und 5 sind richtig

B. Nur 1, 2 und 5 sind richtig

C. Nur 3 und 4 sind richtig

D. Nur 3 und 5 sind richtig

E. Nur 1, 3 und 4 sind richtig

| 19.58 | 19.9.5 (+) | Fragentyp A |

Eine der folgenden chirurgischen Maßnahmen dient zur
Ausschaltung von Schmerzen:

A. Chordotomie

B. Durchtrennung der hinteren Commissur im Rückenmark

C. Hinterstrangdurchtrennung

D. Hinterseitenstrangdurchtrennung

E. Vorderwurzeldurchschneidung

| 19.59
19.60
19.61 | 19.9.5 (+) | Fragentyp B |

Über welche Bahnen (Liste 2) werden die Erregungen, die
die in Liste 1 genannten Empfindungen auslösen, zum
Gehirn geleitet?

Liste 1

19.59 Schmerzempfindung

19.60 Vibrations-
      empfindung

19.61 Druckempfindung

Liste 2

A. Tractus spino-cerebellaris

B. Contralaterale Vorder-
   seitenstrangbahn

C. Ausschließlich über ipsilaterale Hinterstrang-
   bahnen

D. Hinterstrang- und Vorderseitenstrangbahnen

E. Contralaterale Hinter-
   strangbahn

Kapitel 20
Vestibularapparat (R. F. Schmidt)

An welcher der folgenden Abläufe ist das vestibuläre
System __nicht__ beteiligt?

A. Stellreflexe

B. Kinetosen

C. Optokinetischer Nystagmus

D. Kompensatorische Augenstellungen

E. Kippreflex

Ordnen Sie bitte jedem Sinnesorgan aus Liste 1 den zugehörigen adäquaten Reiz aus Liste 2 zu.

     __Liste 1__   __Liste 2__

20.02 Bogengangsorgan   A. Alle Bewegungen im Schwere-
                             feld der Erde

20.03 Statolithenorgan B. Winkelgeschwindigkeit

                            C. Positive und negative
                             lineare Beschleunigungen

                            D. Positive und negative
                             Winkelbeschleunigungen
                             (Rotations-, Drehbeschleu-
                             nigungen)

                            E. Lineare Bewegung konstanter
                             Geschwindigkeit

20.04	20.1.2 (+++)	Fragentyp A

Ein Astronaut kann außerhalb eines Schwerefeldes mit
seinem Gleichgewichtssinn wahrnehmen:

A. Nur lineare Beschleunigungen

B. Nur Winkelbeschleunigungen

C. Jede Art von Beschleunigung

D. Keinerlei Beschleunigung

E. Geschwindigkeiten

20.05	20.1.3 (++)	Fragentyp A

Der adäquate Reiz für die Receptoren des Bogengangs-
organes ist

A. eine Änderung der Temperatur der Endolymphe

B. eine Zu- bzw. Abnahme der Distanz zwische Cupula
   und Sinneszellen

C. eine Scherbewegung der Cupula gegenüber dem Sinnes-
   epithel

D. eine Änderung der Dichte der Cupula

E. Zunahme des Druckes der Cupula auf die Sinneszellen

20.06	20.1.4 (++)	Fragentyp C

Eine Linearbeschleunigung stellt den adäquaten Reiz
für das Bogengangssystem dar,

weil

dabei die Cupulae des linken und rechten horizontalen
Bogenganges gegensinnig ausgelenkt werden.

20.07   20.1.5 (+++)   Fragentyp A

Zwischen den Vestibulariskernen und dem Kleinhirn bestehen enge, doppelläufige Verknüpfungen. Mit welchen
Anteilen des Kleinhirns sind sie besonders ausgeprägt
(zutreffendste Antwort auswählen)?

A. Hemisphären des Neocerebellum

B. Pars intermedia (alle Anteile)

C. Vermis des Neocerebellum

D. Pyramis, Uvula und Paraflocculus des Palaeocerebellum

E. Vermis des Palaeocerebellum und das Archicerebellum

20.08   20.1.5 (+++)   Fragentyp A

Die enge Verknüpfung zwischen der Kleinhirnrinde und
dem Gleichgewichtsorgan wird auch daran deutlich, daß
ein Teil der Purkinje-Zell-Axonen der Kleinhirnrinde
direkt, also unter Auslassung der Kleinhirnkerne, zu
den Vestibulariskernen, insbesondere zu dem Nucleus
Deiters projizieren. Diese Purkinje-Zellen liegen

A. im Archicerebellum

B. in den Hemisphären des Neocerebellums

C. im Vermis des Neocerebellums

D. im Palaeocerebellum

E. relativ gleichmäßig gestreut in allen Anteilen der
   Kleinhirnrinde mit einer gewissen Bevorzugung der
   Pars intermedia

20.09   20.2.1 (+++)   Fragentyp A

Ein Mittelhirntier ist in der Lage, sich in die normale
Körperstellung aufzustellen. Zunächst wird dabei immer
der Kopf in die Normalstellung gebracht. Diesen Reflex
bezeichnen wir als

A. Hals-Stellreflex

B. Labyrinth-Stellreflex

C. Kopfdrehreaktion

D. tonischen Labyrinthreflex

E. stato-kinetischen Reflex

20.10   20.2.1 (+++)   Fragentyp A
                      20.2.3 (+++)

An einem decerebrierten Tier (z.B. einer Katze) läßt sich durch passives Beugen des Kopfes nach unten eine Abnahme des Streckertonus (Extensortonus) in den Vorderextremitäten und eine Zunahme des Streckertonus in den Hinterextremitäten induzieren. Es handelt sich um

A. einen Stellreflex aus dem Labyrinth

B. einen Haltereflex (tonischer Halsreflex)

C. einen stato-kinetischen Reflex

D. eine Liftreaktion

E. einen Kippreflex

20.11   20.2.2 (+++)   Fragentyp A

Bei Kippung einer Versuchsperson nach rechts

A. nimmt der Flexortonus rechts zu

B. nimmt der Extensortonus rechts zu

C. nimmt der Muskeltonus generell an der rechten Seite zu

D. treten keine Änderungen im Muskeltonus auf

E. nimmt der Muskeltonus auf der linken Seite generell zu

20.12   20.2.3 (+++)   Fragentyp A

Wird bei einem decerebrierten Hund der Kopf passiv (durch den Versuchsleiter) nach links bewegt, so nimmt

A. der Extensortonus links zu

B. der Extensortonus rechts zu

C. der Tonus aller Muskeln der linken Körperhälfte zu

D. der Flexorentonus rechts ab

E. der Extensortonus beider Hinterbeine zu

20.13	20.2.3 (+++)	Fragentyp D

Welche der folgenden Eigenschaften finden sich <u>nicht</u> beim decerebrierten Tier?

1) Enthirnungsstarre

2) Stellreflex

3) Überwiegen des Extensor-Tonus

4) Haltereflex

5) Überwiegen des Flexor-Tonus

Wählen Sie bitte unter den folgenden Aussagenkombinationen diejenige, die Sie für zutreffend halten.

A. Nur 1 und 5 sind richtig

B. Nur 2 und 5 sind richtig

C. Nur 3 und 4 sind richtig

D. Nur 2 und 3 sind richtig

E. Nur 4 und 5 sind richtig

20.14	20.3.1 (++)	Fragentyp A

Bei Schräghaltung des Kopfes werden die Augen so gegengedreht, daß horizontale Linien des Blickfeldes nach wie vor auf dem gleichen Netzhautmeridian abgebildet werden. Für dieses Gegenrollen der Augen sind folgende Receptoren verantwortlich:

A. Die Receptoren der Retina

B. Die Proprioceptoren der äußeren Augenmuskeln

C. Die Proprioceptoren der Halsmuskeln

D. Die Labyrinth-Receptoren

E. Nur die Bogengangsreceptoren des Labyrinths

20.15 20.16	20.3.2 (+++)	Fragentyp B

Ordnen Sie den in Liste 1 genannten Phasen des vestibulären Nystagmus die jeweils zutreffendste Aussage in Liste 2 zu.

Liste 1

20.15 Schnelle Phase des vestibulären Nystagmus

20.16 Langsame Phase des vestibulären Nystagmus

Liste 2

A. Wird hauptsächlich über einen Hirnstammechanismus
   induziert

B. Wird hauptsächlich vestibulär induziert

C. Kommt beim Menschen nicht vor

D. läßt sich nur bei Prüfung mit calorischer Reizung
   induzieren

E. Ist nur durch eine Registrierung des Nystagmogramms
   klar darzustellen

20.17   20.5.1 (+)   Fragentyp D

Akuter Ausfall <u>eines</u> Labyrinths führt zu

1) Drehschwindel zur gesunden Seite

2) Drehschwindel zur kranken Seite

3) Nystagmus zur gesunden Seite

4) Nystagmus zur kranken Seite

5) Fallneigung zur kranken Seite

Wählen Sie bitte unter den folgenden Aussagenkombinationen diejenige, die Sie für zutreffend halten.

A. Nur 1, 3 und 5 sind richtig

B. Nur 1 und 3 sind richtig

C. Nur 2 und 4 sind richtig

D. Nur 2, 3 und 5 sind richtig

E. Nur 4 und 5 sind richtig

20.18   20.5.2 (++)   Fragentyp A

Das häufigste Symptom bei einem dauernden Ausfall
beider Labyrinthe ist

A. Gleichgewichtsunsicherheit im Dunkeln bzw. bei geschlossenen Augen

B. Drehschwindel und Spontannystagmus

C. Fallneigung (bei Rechtshändern nach rechts, bei
   Linkshändern nach links)

D. Pendelbewegungen der Augen

E. Erhöhte Empfindlichkeit gegen Bewegungen, die zu
   Kinetosen, z.B. Seekrankheit, führen

20.19   20.5.3 (+)   Fragentyp C

Bei Labyrinthlosen tritt keine Seekrankheit auf,

weil

Seekrankheit durch längere Zeit dauernde starke
Reizung sowohl des Otolithen- als auch des Bogengangs-
apparates ausgelöst wird.

20.20   20.6.1 (++)   Fragentyp A

Bei der Prüfung des postrotatorischen Nystagmus auf
dem Drehstuhl wird dem Patienten eine Frenzelsche Brille
(Brille mit stark konvexen Linsen und einer Beleuchtung)
aufgesetzt. Der wichtigste Grund dafür ist

A. Erleichterung der Beobachtung der Augenbewegungen
   durch den Arzt

B. Verhindern von Drehschwindel

C. Ausschalten des rotatorischen Nystagmus

D. Gleichzeitige Kontrolle der Pupillenreaktion

E. Ausschalten der visuellen Fixation

20.21   20.6.1 (++)   Fragentyp C

Der calorische Nystagmus bei Warmspülung eines Gehör-
ganges ist dem bei Kaltspülung entgegengesetzt ge-
richtet,

weil

der Auflagedruck der Statolithen bei Warmspülung zunimmt und bei Kaltspülung abnimmt.

20.22   20.6.2 (++)   Fragentyp A

Welche der folgenden Meßmethoden wird zur Aufnahme
eines Nystagmogramms eingesetzt?

A. Photographische Registrierung der Augenbewegungen
   mit einer sehr schnellen Filmkamera

B. Registrierung eines Lichtstrahles, der durch die
   Corneaoberfläche reflektiert wird

C. Aufnahme der Änderungen des Dipols des corneo-
   retinalen Bestandspotentials mit einer temporalen
   und einer nasalen Elektrode

D. Aufnahme der Änderungen der Dipole der corneo-
   retinalen Bestandspotentiale beider Augen mit zwei
   bitemporalen Elektroden

E. Beobachtung der Augenbewegungen des Patienten durch
   eine Leuchtbrille (Frenzelsche Brille) und anschließendes Eintragen der Beobachtung in ein
   Nystagmogrammformular

Kapitel 21
Geruch, Geschmack (R. F. Schmidt)

Entsprechend ihren adäquaten Reizen ordnet man Geruch
und Geschmack zu

A. den Allgemeinempfindungen

B. der somatovisceralen Sensibilität

C. den chemischen Sinnen

D. der Tiefensensibilität

E. dem Hungergefühl

Verglichen mit den Intensitätsunterschiedsschwellen bei
visuellen und akustischen Reizen sind die Intensitätsunterschiedsschwellen für Geruchsreize

A. sehr klein, d.h. es genügen winzige Unterschiede
   in den Konzentrationen der Teststoffe

B. klein, aber nur unwesentlich besser als im visuellen
   und im akustischen System

C. etwa vergleichbar mit denen im visuellen und akustischen System

D. groß, aber nur wenig schlechter als im visuellen
   und im akustischen System

E. sehr groß, d.h. deutlich schlechter als im visuellen
   und akustischen System

Welche der folgenden Aussagen ist am zutreffendsten?
Geruch und Geschmack

A. zeigen eine ausgesprochene Adaption

B. besitzen eine sehr geringe absolute Empfindlichkeit

C. werden beide als Fernsinne eingeordnet

D. können durch jede wasserlösliche Substanz erregt
   werden

E. lassen sich immer nur gemeinsam erregen, da ihre
   Receptoren teilweise identisch sind

21.04   21.2.1 (+++)   Fragentyp A

Welche der folgenden Geschmacksqualitäten wird nicht
als Grund-, sondern als Nebenqualität bezeichnet?

A. bitter

B. metallisch

C. salzig

D. sauer

E. süß

21.05   21.08   21.2.1 (+++)   Fragentyp B
21.06   21.09
21.07

Ordnen Sie den in Liste 1 genannten Geschmacksqualitäten die jeweils diese Empfindung auslösenden Stoffe
aus Liste 2 zu.

Liste 1	Liste 2
21.05 süß	A. Essigsäure
21.06 sauer	B. Chininsulfat
21.07 bitter	C. Kaliumcarbonat (Pottasche)
21.08 salzig	D. Saccharose
21.09 seifig	E. Magnesiumchlorid

21.10   21.2.1 (+++)   Fragentyp D

Welche der folgenden Hirnnerven enthält primär afferente Fasern der Geschmacksknospen der Zunge?

1) Chorda tympani des Nervus facialis

2) Nervus facialis ohne Chorda tympani

3) Nervus vagus

4) Nervus glossopharyngeus

5) Nervus hypoglossus

Wählen Sie bitte unter den folgenden Aussagenkombinationen diejenige, die Sie für zutreffend halten.

A. 1 und 3 sind richtig

B. 1 und 4 sind richtig

C. 1, 4 und 5 sind richtig

D. 2, 3 und 4 sind richtig

E. 3 und 5 sind richtig

21.11   21.2.1 (+++)   Fragentyp C

Der menschliche Geschmack hat die vier Grundqualitäten
süß, sauer, bitter und salzig,

weil

jede der vier Typen von Geschmacksknospen nur auf eine
dieser Reizqualitäten empfindlich ist.

21.12   21.2.2 (++)   Fragentyp A

Die Neurone dritter Ordnung der Geschmacksreceptoren
gehen vom Nucleus ventralis posteriomedialis (VPM) aus
und enden in der Großhirnrinde im Bereich

A. des Temporallappen

B. der Fissura calcarina

C. des Frontalhirn

D. des Gyrus postcentralis

E. des Gyrus praecentralis

21.13	21.2.3 (+++)	Fragentyp D

Die biologische Bedeutung des Geschmackssinnes liegt in

1) einer Prüfung der Nahrung, z.B. auf unverdauliche oder giftige Stoffe

2) einer reflektorischen Einwirkung auf die Speichel-sekretion

3) einer reflektorischen Einwirkung auf die Magensaft-sekretion

4) einer reflektorischen Kontrolle des Bulbus olfac-torius über die efferenten (bulbopetalen) Fasern der Körnerzellen

5) der Auslösung des Gefühls der (präresorptiven) Sättigung

Welche folgende Auswahlkombination ist am zutref-fendsten?

A. 1, 2 und 3 treffen am besten zu

B. 2 und 3 treffen am besten zu

C. 1, 4 und 5 treffen am besten zu

D. 2, 3 und 5 treffen am besten zu

E. 4 und 5 treffen am besten zu

21.14	21.3.1 (++)	Fragentyp C

Die Gerüche lassen sich zwanglos in 4 größere Duft-klassen einordnen,

<u>weil</u>

neben den Fila olfactoria auch die Nervi trigeminus, glossopharyngeus und vagus an der Übermittlung von Geruchsreizen beteiligt sind.

21.15
21.16   21.3 (++)   Fragentyp B

Welche der in Liste 2 gegebenen Beschreibungen trifft
auf die in Liste 1 aufgeführten Begriffe der Geruchs-
physiologie zu?

Liste 1

21.15 Wahrnehmungsschwelle

21.16 Erkennungsschwelle

Liste 2

A. Duftstoffkonzentration, bei der gerade ein Receptor
erregt wird

B. Duftstoffkonzentration, bei der ein Geruchsreiz zu
einer Weckreaktion (arousal) führt

C. Duftstoffkonzentration, bei der die Art des Geruchsstoffes identifiziert werden kann

D. Duftstoffkonzentration, bei der von der Wahrnehmung
eines anderen Reizes durch Wechsel der Aufmerksamkeit abgelenkt wird

E. Duftstoffkonzentration, bei der das Vorhandensein
eines Geruchsstoffes bemerkt wird

21.17   21.3.2 (++)   Fragentyp A

Welche Aussage ist am zutreffendsten? Für den adäquaten
Reiz der einzelnen Geruchsreceptoren des Säugetieres
gilt:

A. Für jeden einzelnen Receptor gibt es nur einen
Duftstoff, auf den er spezifisch empfindlich ist.

B. Jeder Receptor ist nur auf einige wenige Duftstoffe
empfindlich, die chemisch miteinander eng verwandt
sind.

C. Jeder Receptor reagiert auf eine größere Anzahl verschiedener Duftstoffe.

D. Jeder Receptor ist, wenn auch in unterschiedlichem
Ausmaße, auf alle bekannten Duftstoffe empfindlich.

E. Jeder Receptor ist auf einige wenige Duftstoffe
empfindlich, die in aller Regel völlig unterschiedliche Strukturen haben, aber der gleichen Duft-
klasse angehören.

21.18	21.3.3 (++)	Fragentyp A

Als neurophysiologisches Korrelat der verschiedenen
Geruchsqualitäten ist anzusehen:

A. Die Erregungen der jeweiligen Klasse von Geruchsreceptoren, die spezifisch auf den gegebenen Duftstoff antworten

B. Das Erregungsmuster, das aufgrund der individuellen
   Geruchsprofile der einzelnen Receptoren in den
   afferenten Fasern nach zentral geleitet wird

C. Anstiegssteilheit und Amplitude der an der jeweiligen Klasse von spezifischen Geruchsreceptoren
   entstehenden Generatorpotentiale

D. Die Amplitude des Olfactogramms

E. Der Zeitverlauf und die Schwingungsfrequenz des
   Olfactogramms

21.19	21.3.5 (+++)	Fragentyp A

Welche der folgenden Aussagen ist am zutreffendsten?
Die starke affektive Komponente des Geruchssinnes hängt
wahrscheinlich zusammen mit

A. der efferenten Hemmung des Bulbus olfactorius

B. der großen Anzahl von Duftstoffen, die mindestens
   6 Duftklassen umfassen

C. der ausgeprägten Umfeldhemmung im Blubus olfactorius

D. der unmittelbaren Verbindung mit dem limbischen
   System

E. der fehlenden Repräsentation im Neocortex

21.20   21.3.6 (+)   Fragentyp A

Nach vollständigem Ausfall des Nervus olfactorius ist
ein gewisses Geruchsvermögen weiter vorhanden, das
durch die Nervi trigeminus, glossopharyngeus und vagus
vermittelt wird. Liegt ein solcher Befund vor, spricht
man von einer

A. Hyposmie

B. Parosmie

C. partiellen Anosmie

D. totalen Anosmie

E. Olfactose

Kapitel 22
Gehirn, höhere Funktionen (Schaefer)

<pre>
22.01 22.04   22.1.1 (+++)   Fragentyp B
22.02 22.05
22.03
</pre>

Ordne folgende anatomische Areale einem der funktionell
definierten Zentren (Arealen) zu.

<u>Liste 1</u> (anatomische Areale)

22.01 Gyrus postcentralis, Area 1 - 3

22.02 Area 44 am Fuß der dritten Stirnhirnwindung vor
      dem Kopfgebiet des Gyrus praecentralis

22.03 Area 24 im oberen Teil des Temporallappens

22.04 Area 18 an der äußeren Seite des Occipital-
      lappens

22.05 Area 4 und 6 des Gyrus praecentralis

<u>Liste 2</u> (funktionell definiertes Zentrum)

A. Brocas motorisches Sprachzentrum

B. Primäres Hörzentrum (d.i. Endigung der Hörbahn in
   der Rinde)

C. Primäres corticales motorisches Areal

D. Associatives (sekundäres) Sehzentrum

E. Corticale Repräsentation (Körperfühlsphäre) der
   Körpersensibilität und Ende der sensiblen Projek-
   tionsbahnen aus Haut und Muskeln

22.06   22.1.1 (+++)   Fragentyp D

Bei einem einseitigen akuten Ausfall des Gyrus postcentralis treten auf:

1) Sensibilitätsstörung auf der contralateralen Seite

2) ipsilaterale Thermanaesthesie und Analgesie

3) Beeinträchtigung der contralateralen Willkürmotorik
   (Ataxie)

4) ipsilaterale Rindenblindheit und -taubheit

5) dissociierte Empfindungsstörungen

Wählen Sie bitte die zutreffende Aussagenkombination.

A. Nur 1 und 3 sind richtig

B. Nur 2 und 3 sind richtig

C. Nur 2 und 4 sind richtig

D. Nur 3 und 5 sind richtig

E. Nur 1, 3 und 4 sind richtig

22.07   22.1.2 (+++)   Fragentyp D

Welche der folgenden Aussagen treffen auf das
(Wernickesche) sensorische Sprachzentrum zu?

1) Es bildet eine Integration akustischer und senso-
   motorischer Signale nebst optischen Eindrücken aus
   dem Occipitalhirn.

2) Die Verwertung akustischer Signale in Hinsicht auf
   Frequenzen und Frequenzmuster, die in Hörnerven
   einlaufen, findet primär hier statt.

3) Die Umschaltung von Signalen aus der Körperfühlsphäre auf Zentren des Stirnhirns findet hier statt.

4) Seine Zerstörung kann mit einer Unfähigkeit zu Lesen
   (Alexie) verknüpft sein.

5) Seine Zerstörung führt zum Ausfall des Sprachver-
   ständnisses bei erhaltener Funktion des Hörens.

Wählen Sie bitte die zutreffende Aussagenkombination.

A. Nur 5 ist richtig

B. Nur 1, 4 und 5 sind richtig

C. Nur 3 ist richtig

D. Nur 2 und 5 sind richtig

E. Nur 1, 2 und 4 sind richtig

22.08   22.1.2 (+++)   Fragentyp A

Störungen des Erkennungsvermögens (Agnosien) können
beruhen auf

A. Unterbrechung der Erregungsleitung in den hinteren
   Rückenmarkswurzeln

B. Anaesthesie peripherer Receptoren

C. Störungen des sensorischen Associationssystems

D. Blutungen im Bereich des Lemniscus medialis

E. Ausfall des Tractus corticospinalis

22.09   22.1.2 (+++)   Fragentyp D

An der Ausarbeitung von Wahrnehmungen sind folgende
Hirnstrukturen maßgeblich beteiligt:

1) Associationsfelder der Hirnrinde

2) Associationskerne des Thalamus

3) Formatio reticularis des Hirnstammes

4) Nucleus niger

5) Palaeo- und Neocerebellum

Wählen Sie bitte die zutreffende Aussagenkombination.

A. Nur 1, 2 und 3 sind richtig

B. Nur 1, 3 und 4 sind richtig

C. Nur 1, 3 und 5 sind richtig

D. Nur 2, 3 und 4 sind richtig

E. Alle sind richtig

22.10	22.1.3 (+++)	Fragentyp A

Auf welche der nachfolgenden Funktionen des ZNS sind Commissuren, vorwiegend also der Balken (Corpus callosum), ohne Einfluß?

A. Information der nicht dominanten Hemisphären durch die dominante

B. Ermöglichung des Erkennens, so daß nach Balkendurchtrennung die nicht dominante Seite (in der Regel die linke) agnostisch wird, d.h. Gegenstände nicht mehr benennen kann

C. Koordination derjenigen Sprachmuskeln, die von der nicht dominanten Seite versorgt werden

D. Übertragung von Erfahrung (Lernen) mit einem Sinnesorgan auf die Zentren der anderen Seite

E. Aufrechterhaltung der Klarheit des Bewußtseins durch Integration linksseitiger und rechtsseitiger Sinnesinformationen

22.11	22.1.4 (++)	Fragentyp A

Durchtrennung von Balken (Corpus callosum) und Commissuren ("split brain") führt zu welcher Störung?

A. Zu einer Agnosie

B. Zur teilweisen motorischen Lähmung

C. Zur Unfähigkeit, mit der linken Hand taktil Gegenstände voneinander zu unterscheiden

D. Zur Unfähigkeit, die mit der nicht dominanten Hemisphäre erworbene taktile Information sprachlich auszudrücken

E. Zur Kombination von Apraxie und Aphasie

22.12	22.1.5 (+++)	Fragentyp C

Bei Verlust der linken Großhirnhemisphäre geht bei Rechtshändern vorwiegend das Sprachverständnis verloren,

weil

bei Rechtshändern nur die linke Hemisphäre vollfunktionstüchtige Sprachzentren besitzt.

22.13	22.1.6 (+++)	Fragentyp A

Unter einer motorischen Aphasie versteht man

A. die Unfähigkeit, rasche Bewegungen mit antagonistischen Muskeln phasengerecht auszuführen

B. die Einschränkung der freien Beweglichkeit von nicht-tonischen quergestreiften Muskeln

C. die Einschränkung der Fähigkeit, mit Sprachmuskeln Sprache zu formen

D. die Unfähigkeit, Muskeln, die beim Sprechen gebraucht werden, zu bewegen

E. die Unfähigkeit, Sprache zu verstehen

22.14 22.17	22.1.7 (++)	Fragentyp B
22.15 22.18		
22.16		

Ordne folgende Begriffe ihren Definitionen zu:

<u>Liste 1</u>

22.14 Motorische Aphasie

22.15 Sensorische Aphasie

22.16 Alexie

22.17 Agraphie

22.18 Astereognosie

<u>Liste 2</u>

A. Einschränkung oder Aufhebung der Fähigkeit, sich sprachlich auszudrücken

B. Einschränkung oder Aufhebung der Fähigkeit, Sprache zu verstehen

C. Einschränkung oder Aufhebung der Fähigkeit, zu schreiben

D. Einschränkung oder Aufhebung der Fähigkeit, Gegenstände durch Tasten zu erkennen, auch bei geschlossenen Augen

E. Einschränkung oder Aufhebung der Fähigkeit, Gelesenes zu verstehen und sprachlich zu verwerten

22.19   22.2.1 (++)   Fragentyp D

Welche der nachfolgenden Aussagen über den Thalamus treffen zu?

1) Er ist dem motorischen Cortex zur Programmierung der Bewegung vorgeschaltet.

2) Er erhält Informationen aus dem Vestibularapparat.

3) Er erhält Informationen aus der somatosensorischen Afferenz von Brust, Bauch und Extremitäten.

4) Er enthält Kerngebiete, die Impulse aus den Basalganglien erhalten.

5) Seine Kerngebiete sind nicht nach Sinnesmodalitäten, sondern nach Körperregionen gegliedert ("Projektionskerne").

Wählen Sie bitte die zutreffende Aussagenkombination.

A. Nur 2, 3, 4 und 5 sind richtig

B. Nur 1 und 5 sind richtig

C. Nur 2, 3 und 5 sind richtig

D. Nur 1, 2 und 4 sind richtig

E. Alle sind richtig

22.20   22.2.1 (++)   Fragentyp A

Die spezifischen Projektionskerne des Thalamus sind gegliedert

A. nur nach Körperregionen

B. nur nach Sinnesmodalitäten

C. nur nach bahnenden und hemmenden Anteilen

D. nach allen von A - C genannten Kriterien

E. nach keinem der von A - C genannten Kriterien

22.21   22.2.3 (++)   Fragentyp A

Welcher der folgenden Kerne bzw. welche Kerngruppen des Thalamus haben vorwiegend sensorische Funktion?

A. Nucleus ventralis posterior

B. Nucleus dorsomedialis

C. Pulvinar

D. Nuclei laterales

E. Nuclei anteriores

22.22   22.3.2 (+++)   Fragentyp A

Welche Wellen kommen im EEG des gesunden, wachen,
geistig tätigen Erwachsenen am häufigsten vor?

A. α-Wellen (8 - 12 Hz)

B. β-Wellen (13 - 20 Hz)

C. ϑ-Wellen (5 - 7 Hz)

D. δ-Wellen (0,5 - 4 Hz)

E. Eine Mischung von α-Wellen mit anderen Wellen
   ("Spindeln")

22.23   22.3.3 (+++)   Fragentyp A

Die α-Wellen (8 - 12 Hz) des EEG

A. verschwinden bei Lidschluß

B. sind über dem Occipitalhirm am stärksten ausgeprägt

C. kommen bei Gesunden nicht vor

D. treten nur bei Bewußtlosigkeit auf

E. sind charakteristisch für das aufmerksame Wachbewußtsein

22.24 22.27		22.3.4 (+++)	Fragentyp B
22.25 22.28			
22.26			

Das Elektroencephalogramm (EEG) des erwachsenen Menschen sagt etwas über die Funktion des Gehirns aus. Ordnen Sie den EEG-Typen die entsprechenden funktionellen Zustände zu, die für sie am ehesten charakteristisch sind.

22.24 α-Wellen (8 - 12 Hz)

22.25 β-Wellen (13 - 20 Hz)

22.26 δ-Wellen (0,5 - 4 Hz)

22.27 ϑ-Wellen (5 - 7 Hz) und K-Komplexe

22.28 Nullinie

A. Klinischer Tod

B. Tiefschlaf und tiefe Narkose

C. Einschlafstadium

D. Aufmerksamer Wachzustand und geistige Tätigkeit

E. Wachen im inaktiven Zustand ohne Aufmerksamkeit

22.29	22.3.4 (+++)	Fragentyp A

Bei einer Weckreaktion (arousal) ergeben sich folgende Veränderungen im Elektroencephalogramm:

A. Frequenz- und Amplitudenerhöhung

B. Frequenz- und Amplitudenverminderung

C. Frequenzsteigerung und Amplitudenverminderung

D. Frequenzverminderung und Amplitudenvergrößerung

E. Zunahme von spindelförmigen Perioden von α-Wellen

22.30	22.3.5 (+)	Fragentyp D

Welche Aussagen treffen auf das evocierte Potential (evoked potential, Reaktionspotential) zu?

1) Bei lokaler Ableitung im Gehirn (Oberfläche oder Kerngebiete) registrierbare Spannungsänderung auf Reizung eines Sinnesorgans oder eines Nerven

2) Bei lokaler Applikation von Transmitter-Substanzen registrierbare elektrische Antwort am Applikations- ort

3) Das in einem Nerven ablaufende Aktionspotential als Antwort auf einen elektrischen Nervenreiz

4) Spannungsänderungen in Kernen des limbischen Systems als Antwort auf emotional stark wirksame Außenwelt- Vorgänge

5) Antwortpotential, das zur Erforschung somato- topischer Zusammenhänge dient

Wählen Sie bitte die zutreffende Aussagenkombination.

A. Nur 1 ist richtig

B. Nur 5 ist richtig

C. Nur 2 und 3 sind richtig

D. Nur 1 und 5 sind richtig

E. Nur 4 ist richtig

22.31 22.4.1 (+++) Fragentyp D

Bewußtsein ist eng an die Intaktheit cerebraler Funktionen geknüpft. Welche der folgenden Aussagen sind richtig?

1) Für das Bewußtsein ist eine Wechselwirkung von corticalen Arealen und subcorticalen Zentren uner- läßlich.

2) Das Bewußtsein erlischt bei Entzug von Sauerstoff.

3) Das Bewußtsein erlischt bei Kompression des Hirn- stamms.

4) Das Bewußtsein erlischt bei synchroner Erregung zahlreicher Areale des ZNS und Auftreten von hohen elektrischen Potentialen.

5) Das Bewußtsein erlischt bei Durchtrennung des Balkens.

Wählen Sie bitte die zutreffende Aussagenkombination.

A. Alle Antworten sind richtig

B. 1, 2, 3 und 4 sind richtig

C. Nur 2 und 4 sind richtig

D. Nur 2, 4 und 5 sind richtig

E. Nur 2 und 5 sind richtig

22.32   22.4.2 (++)   Fragentyp A

Eine Bewußtseinstrübung ist von zahlreichen Funktionen des ZNS abhängig. Bei welcher der nachstehenden Funktionseinschränkungen bleibt aber ein Wachbewußtsein (ungetrübt) erhalten?

A. Bei einer Kompression oder Verletzung des Hirnstamms

B. Bei einer Verletzung beider Thalami

C. Bei einer Verletzung beider Seiten des limbischen Systems

D. Bei einer Durchtrennung der Verbindung von Stirnhirn und Rest des Großhirns ("Lobotomie")

E. Bei einer Senkung des Blutdrucks unter 60 mm Hg

22.33   22.4.3 (+++)   Fragentyp D

Das Limbische System beeinflußt oder bestimmt folgende Verhaltensweisen oder Phänomene:

1) Das Aggressionsniveau

2) Die emotionellen und Verhaltensreaktionen

3) Die thalamische Kontrolle der Motorik

4) Das sexuelle Verhalten

Wählen Sie bitte die zutreffende Aussagenkombination.

A. Alle Antworten sind richtig

B. Nur 4 ist richtig

C. Nur 1, 2 und 4 sind richtig

D. Nur 3 und 4 sind richtig

E. Nur 1 ist richtig

22.34   22.4.3 (+++)   Fragentyp A

Das Ertönen eines Klingelzeichens bei Gabe eines Fleischstückes bewirkt beim Hund nach einigen Versuchen eine Speichelsekretion auch auf das Klingelzeichen allein. Diesen Vorgang nennt man

A. Habituation

B. bedingter Reflex

C. Extinktion

D. unbedingter Reflex

E. Transfer

| 22.35 | 22.4.3 (+++) | Fragentyp D |

Das sogenannte Limbische System umfaßt folgende Hirnstrukturen:

1) Gyrus cinguli

2) Nucleus amygdalae

3) Pulvinar

4) Gyrus hippocampi

5) Corpus callosum

Wählen Sie bitte die zutreffende Aussagenkombination.

A. 1 und 3 sind richtig

B. 4 und 5 sind richtig

C. 1, 2 und 4 sind richtig

D. 2, 3 und 5 sind richtig

E. 1 bis 4 sind richtig

| 22.36 | 22.4.3 (+++) | Fragentyp D |

Dem Limbischen System werden folgende Funktionen zuge-
schrieben:

1) Koordination vegetativer Erregungsprozesse

2) Auslösung von Trieb- und Instinkthandlungen

3) Erregungsspeicherung (Kurzzeitgedächtnis)

4) Auslösung von Wut- und Fluchtreaktionen

5) Kontrolle des Sexualverhaltens

Wählen Sie bitte die zutreffende Aussagenkombination.

A. Nur 1 und 3 sind richtig

B. Nur 2 und 4 sind richtig

C. Nur 1, 2 und 4 sind richtig

D. Nur 1 bis 4 sind richtig

E. Alle sind richtig

22.37	22.4.5 (++)	Fragentyp C

Die Zerstörung corticaler Areale des menschlichen Großhirns schränkt die menschliche Entscheidungsfähigkeit
ein,

<u>weil</u>

Entscheidungen bei einem Maximum zentralnervöser
Information optimal und in maximaler Freiheit getrof-
fen werden.

22.38	22.4.5 (++)	Fragentyp A

Welche der nachfolgenden Aussagen über das Stirnhirn
(Orbito-Frontalhirn) trifft <u>nicht</u> zu?

A. Zerstörung des Stirnhirns erzeugt eine starke
   Tendenz zur Perseveration.

B. Zerstörung des Stirnhirns erzeugt deutliche Änderungen des Verhaltens, z.B. Antriebslosigkeit.

C. Defekte am Stirnhirn führen immer zu erheblichen
   Minderungen der Intelligenz.

D. Defekte am Stirnhirn erschweren es einem Patienten,
   sein Verhalten veränderten Umständen rasch anzu-
   passen.

E. Das normale Stirnhirn kontrolliert die Funktionen
   des Limbischen Systems.

Schlüssel

Kapitel 1. Blut und Säure-Basen-Haushalt

1.01	D	1.18	D	1.35	E		
1.02	B	1.19	C	1.36	C		
1.03	D	1.20	B	1.37	E		
1.04	B	1.21	D	1.38	D		
1.05	B	1.22	B	1.39	A		
1.06	D	1.23	A	1.40	B		
1.07	B	1.24	D	1.41	E		
1.08	B	1.25	D	1.42	D		
1.09	C	1.26	E	1.43	B		
1.10	A	1.27	C	1.44	E		
1.11	E	1.28	E	1.45	E		
1.12	D	1.29	E	1.46	C		
1.13	A	1.30	A	1.47	A		
1.14	C	1.31	B	1.48	D		
1.15	E	1.32	D	1.49	A		
1.16	E	1.33	C	1.50	E		
1.17	C	1.34	A	1.51	D		
				1.52	D		

Kapitel 2. Herz

2.01	D	2.19	A	2.37	E		
2.02	E	2.20	C	2.38	E		
2.03	E	2.21	E	2.39	E		
2.04	B	2.22	E	2.40	C		
2.05	C	2.23	C	2.41	C		
2.06	D	2.24	D	2.42	D		
2.07	B	2.25	D	2.43	A		
2.08	A	2.26	E	2.44	E		
2.09	C	2.27	B	2.45	B		
2.10	A	2.28	A	2.46	E		
2.11	B	2.29	B	2.47	A		
2.12	A	2.30	D	2.48	B		
2.13	D	2.31	D	2.49	E		
2.14	C	2.32	D	2.50	C		
2.15	C	2.33	D	2.51	C		
2.16	B	2.34	B	2.52	B		
2.17	D	2.35	C	2.53	D		
2.18	A	2.36	C	2.54	B		
				2.55	A		

Kapitel 3. Blutkreislauf

3.01	D	3.17	A	3.33	E
3.02	A	3.18	D	3.34	B
3.03	E	3.19	A	3.35	A
3.04	C	3.20	E	3.36	E
3.05	B	3.21	D	3.37	B
3.06	A	3.22	D	3.38	D
3.07	C	3.23	A	3.39	B
3.08	D	3.24	B	3.40	E
3.09	A	3.25	C	3.41	E
3.10	C	3.26	D	3.42	D
3.11	E	3.27	A	3.43	B
3.12	C	3.28	D	3.44	A
3.13	A	3.29	C	3.45	D
3.14	A	3.30	D	3.46	D
3.15	E	3.31	A	3.47	A
3.16	E	3.32	A		

Kapitel 4. Atmung

4.01	E	4.25	D	4.49	C
4.02	C	4.26	C	4.50	C
4.03	A	4.27	D	4.51	E
4.04	E	4.28	A	4.52	E
4.05	D	4.29	C	4.53	D
4.06	B	4.30	E	4.54	B
4.07	C	4.31	C	4.55	E
4.08	A	4.32	C	4.56	D
4.09	B	4.33	B	4.57	C
4.10	B	4.34	E	4.58	B
4.11	C	4.35	A	4.59	E
4.12	E	4.36	D	4.60	B
4.13	D	4.37	A	4.61	C
4.14	B	4.38	B	4.62	A
4.15	D	4.39	C	4.63	B
4.16	C	4.40	D	4.64	C
4.17	E	4.41	D	4.65	B
4.18	C	4.42	A	4.66	B
4.19	D	4.43	B	4.67	A
4.20	B	4.44	D	4.68	C
4.21	C	4.45	D	4.69	E
4.22	D	4.46	E	4.70	D
4.23	E	4.47	A	4.71	E
4.24	B	4.48	A		

Kapitel 5. Ernährung, Verdauung

5.01	D		5.21	C		5.41	C
5.02	B		5.22	E		5.42	E
5.03	E		5.23	D		5.43	A
5.04	B		5.24	A		5.44	E
5.05	B		5.25	A		5.45	C
5.06	C		5.26	E		5.46	D
5.07	D		5.27	E		5.47	E
5.08	B		5.28	E		5.48	C
5.09	A		5.29	E		5.49	D
5.10	E		5.30	A		5.50	B
5.11	E		5.31	E		5.51	E
5.12	C		5.32	B		5.52	B
5.13	E		5.33	B		5.53	B
5.14	C		5.34	E		5.54	D
5.15	A		5.35	C		5.55	C
5.16	E		5.36	C		5.56	A
5.17	B		5.37	E		5.57	D
5.18	D		5.38	B		5.58	C
5.19	B		5.39	B		5.59	C
5.20	D		5.40	A		5.60	A

Kapitel 6. Energie- und Wärmehaushalt

6.01	A		6.17	C		6.33	D
6.02	D		6.18	B		6.34	B
6.03	A		6.19	C		6.35	D
6.04	E		6.20	B		6.36	A
6.05	E		6.21	D		6.37	D
6.06	E		6.22	A		6.38	D
6.07	B		6.23	D		6.39	B
6.08	E		6.24	D		6.40	A
6.09	D		6.25	E		6.41	C
6.10	E		6.26	C		6.42	C
6.11	A		6.27	A		6.43	B
6.12	C		6.28	B		6.44	C
6.13	B		6.29	E		6.45	D
6.14	B		6.30	E		6.46	D
6.15	A		6.31	C		6.47	A
6.16	B		6.32	C			

Kapitel 7. Nierenfunktion, Wasser- u. Elektrolythaushalt

7.01	D		7.05	E		7.09	C
7.02	A		7.06	D		7.10	C
7.03	B		7.07	B		7.11	A
7.04	E		7.08	B		7.12	C

7.13	A	7.35	A	7.57	C
7.14	C	7.36	E	7.58	A
7.15	C	7.37	B	7.59	E
7.16	A	7.38	A	7.60	E
7.17	C	7.39	D	7.61	C
7.18	A	7.40	C	7.62	B
7.19	C	7.41	D	7.63	E
7.20	A	7.42	D	7.64	D
7.21	E	7.43	D	7.65	D
7.22	C	7.44	C	7.66	E
7.23	B	7.45	D	7.67	D
7.24	A	7.46	B	7.68	C
7.25	D	7.47	C	7.69	A
7.26	B	7.48	B	7.70	B
7.27	D	7.49	A	7.71	A
7.28	C	7.50	A	7.72	E
7.29	C	7.51	B	7.73	E
7.30	B	7.52	D	7.74	B
7.31	D	7.53	C	7.75	B
7.32	A	7.54	E	7.76	E
7.33	A	7.55	B	7.77	C
7.34	C	7.56	D	7.78	D
				7.79	E

Kapitel 8. Hormonale Regulation

8.01	E	8.14	A	8.27	E
8.02	D	8.15	C	8.28	D
8.03	C	8.16	A	8.29	C
8.04	D	8.17	A	8.30	C
8.05	E	8.18	C	8.31	D
8.06	C	8.19	E	8.32	E
8.07	C	8.20	C	8.33	E
8.08	C	8.21	B	8.34	A
8.09	A	8.22	D	8.35	B
8.10	B	8.23	B	8.36	A
8.11	B	8.24	C	8.37	B
8.12	D	8.25	E	8.38	C
8.13	C	8.26	A	8.39	A

Kapitel 9. Sexualfunktionen

9.01	B	9.07	C	9.13	C
9.02	C	9.08	C	9.14	C
9.03	E	9.09	D	9.15	B
9.04	A	9.10	C	9.16	C
9.05	D	9.11	B	9.17	A
9.06	E	9.12	B		

Kapitel 10. Vegetatives Nervensystem

10.01	C	10.16	E	10.31	B
10.02	B	10.17	A	10.32	A
10.03	C	10.18	A	10.33	C
10.04	B	10.19	D	10.34	D
10.05	C	10.20	D	10.35	A
10.06	A	10.21	C	10.36	C
10.07	C	10.22	B	10.37	B
10.08	E	10.23	D	10.38	D
10.09	C	10.24	A	10.39	E
10.10	B	10.25	C	10.40	C
10.11	D	10.26	B	10.41	E
10.12	B	10.27	E	10.42	A
10.13	B	10.28	D	10.43	C
10.14	B	10.29	B	10.44	B
10.15	B	10.30	D		

Kapitel 11. Angewandte Physiologie, Arbeit, Sport, Umwelt

11.01	D	11.09	B	11.17	E
11.02	C	11.10	B	11.18	C
11.03	D	11.11	B	11.19	E
11.04	C	11.12	A	11.20	A
11.05	D	11.13	E	11.21	E
11.06	A	11.14	B	11.22	C
11.07	E	11.15	D	11.23	D
11.08	A	11.16	A	11.24	D

Kapitel 12. Grundlagen der Erregungs- u. Neuropyhsiologie

12.01	E	12.18	E	12.35	E
12.02	B	12.19	D	12.36	B
12.03	D	12.20	E	12.37	C
12.04	A	12.21	C	12.38	C
12.05	D	12.22	A	12.39	B
12.06	A	12.23	E	12.40	A
12.07	D	12.24	A	12.41	B
12.08	E	12.25	C	12.42	C
12.09	C	12.26	B	12.43	A
12.10	A	12.27	E	12.44	A
12.11	A	12.28	D	12.45	D
12.12	C	12.29	C	12.46	D
12.13	A	12.30	C	12.47	B
12.14	E	12.31	A	12.48	D
12.15	C	12.32	E	12.49	C
12.16	D	12.33	B	12.50	E
12.17	A	12.34	B	12.51	E

12.52	A		12.62	B		12.72	A
12.53	C		12.63	B		12.73	A
12.54	C		12.64	C		12.74	A
12.55	D		12.65	B		12.75	E
12.56	E		12.66	D		12.76	E
12.57	D		12.67	B		12.77	C
12.58	B		12.68	E		12.78	D
12.59	E		12.69	C		12.79	D
12.60	B		12.70	A		12.80	C
12.61	C		12.71	C			

Kapitel 13. Muskelphysiologie

13.01	E		13.12	D		13.23	B
13.02	C		13.13	D		13.24	A
13.03	A		13.14	D		13.25	B
13.04	C		13.15	C		13.26	B
13.05	C		13.16	E		13.27	A
13.06	E		13.17	A		13.28	E
13.07	B		13.18	E		13.29	A
13.08	C		13.19	E		13.30	B
13.09	E		13.20	D		13.31	B
13.10	D		13.21	B		13.32	A
13.11	D		13.22	C			

Kapitel 14. Spinale Sensomotorik

14.01	C		14.12	E		14.23	A
14.02	C		14.13	C		14.24	E
14.03	B		14.14	E		14.25	D
14.04	D		14.15	E		14.26	B
14.05	E		14.16	C		14.27	B
14.06	A		14.17	B		14.28	D
14.07	D		14.18	D		14.29	E
14.08	A		14.19	A		14.30	E
14.09	B		14.20	C		14.31	D
14.10	B		14.21	A		14.32	B
14.11	A		14.22	E		14.33	E

Kapitel 15. Zentrale Sensomotorik

15.01	C		15.05	D		15.09	C
15.02	B		15.06	B		15.10	E
15.03	C		15.07	C		15.11	A
15.04	A		15.08	A		15.12	A

15.13	B		15.25	D		15.37	E
15.14	B		15.26	B		15.38	B
15.15	D		15.27	D		15.39	E
15.16	A		15.28	E		15.40	C
15.17	B		15.29	A		15.41	A
15.18	E		15.30	C		15.42	E
15.19	B		15.31	D		15.43	A
15.20	D		15.32	A		15.44	D
15.21	B		15.33	A		15.45	B
15.22	E		15.34	C		15.46	C
15.23	D		15.35	E		15.47	B
15.24	E		15.36	C			

Kapitel 16. Allgemeine Informations- und Sinnesphysiologie

16.01	D		16.11	B		16.21	E
16.02	E		16.12	C		16.22	D
16.03	E		16.13	D		16.23	D
16.04	A		16.14	E		16.24	B
16.05	B		16.15	C		16.24	A
16.06	D		16.16	A		16.26	B
16.07	A		16.17	B		16.27	A
16.08	C		16.18	C		16.28	D
16.09	D		16.19	E		16.29	A
16.10	C		16.20	E		16.30	C
						16.31	B

Kapitel 17. Sehen

17.01	B		17.17	E		17.33	A
17.02	E		17.18	D		17.34	C
17.03	A		17.19	E		17.35	B
17.04	D		17.20	A		17.36	C
17.05	E		17.21	B		17.37	A
17.06	C		17.22	D		17.38	B
17.07	D		17.23	D		17.39	A
17.08	C		17.24	B		17.40	C
17.09	E		17.25	C		17.41	B
17.10	C		17.26	E		17.42	E
17.11	D		17.27	A		17.43	B
17.12	E		17.28	D		17.44	A
17.13	C		17.29	B		17.45	D
17.14	C		17.30	A		17.46	B
17.15	A		17.31	A		17.47	E
17.16	B		17.32	A			

Kapitel 18. Hören

18.01	B	18.10	A	18.19	C
18.02	E	18.11	B	18.20	D
18.03	E	18.12	B	18.21	C
18.04	C	18.13	A	18.22	D
18.05	B	18.14	A	18.23	E
18.06	A	18.15	E	18.24	D
18.07	C	18.16	E	18.25	A
18.08	D	18.17	A	18.26	B
18.09	C	18.18	E	18.27	B
				18.28	D

Kapitel 19. Somato-viscerale Sensibilität

19.01	D	19.21	D	19.41	B
19.02	A	19.22	C	19.42	C
19.03	D	19.23	E	19.43	B
19.04	D	19.24	A	19.44	C
19.05	D	19.25	B	19.45	A
19.06	D	19.26	C	19.46	D
19.07	C	19.27	A	19.47	E
19.08	C	19.28	E	19.48	A
19.09	D	19.29	D	19.49	B
19.10	C	19.30	B	19.50	C
19.11	A	19.31	C	19.51	D
19.12	E	19.32	A	19.52	C
19.13	B	19.33	B	19.53	B
19.14	D	19.34	C	19.54	C
19.15	B	19.35	D	19.55	D
19.16	A	19.36	C	19.56	E
19.17	C	19.37	B	19.57	E
19.18	A	19.38	B	19.58	A
19.19	C	19.39	D	19.59	B
19.20	A	19.40	A	19.60	C
				19.61	D

Kapitel 20. Vestibulaapparat

20.01	C	20.08	A	20.15	A
20.02	D	20.09	B	20.16	B
20.03	C	20.10	B	20.17	A
20.04	C	20.11	B	20.18	A
20.05	C	20.12	A	20.19	A
20.06	E	20.13	B	20.20	E
20.07	E	20.14	D	20.21	C
				20.22	D

Kapitel 21. Geruch, Geschmack

21.01	C	21.08	E	21.15	E
21.02	E	21.09	C	21.16	C
21.03	A	21.10	B	21.17	C
21.04	B	21.11	C	21.18	B
21.05	D	21.12	D	21.19	D
21.06	A	21.13	A	21.20	A
21.07	B	21.14	D		

Kapitel 22. Gehirn, höhere Funktionen

22.01	E	22.14	A	22.27	C
22.02	A	22.15	B	22.28	A
22.03	B	22.16	E	22.29	C
22.04	D	22.17	C	22.30	D
22.05	C	22.18	D	22.31	B
22.06	A	22.19	E	22.32	D
22.07	B	22.20	A	22.33	C
22.08	C	22.21	A	22.34	B
22.09	A	22.22	B	22.35	C
22.10	E	22.23	B	22.36	E
22.11	D	22.24	E	22.37	A
22.12	A	22.25	D	22.38	C
22.13	C	22.26	B		

Fragentyp A = Einfachauswahl

Auf eine Frage oder unvollständige Aussage folgen 5 Antworten oder Ergänzungen, von denen eine einzige auszuwählen ist, und zwar entweder die einzig richtige, oder die beste von mehreren möglichen oder die einzig falsche. Die Frage nach der einzig richtigen Antwort wird am häufigsten gestellt. Wenn nach der „besten" oder der einzig falschen Antwort gefragt wird, so geht dies aus dem Aufgabentext ausdrücklich hervor.

Fragentyp B = Aufgabengruppe mit gemeinsamem Antwortangebot (Zuordnung)

Jede Aufgabengruppe besteht aus

a) einer beliebigen Anzahl von numerierten Begriffen, Fragen oder Aussagen (= Aufgabenliste = Liste 1).

b) 5 durch die Buchstaben A - E gekennzeichneten Antwortmöglichkeiten (= Liste 2).

Eine Fragengruppe enthält so viele – einzeln bewertete – Aufgaben, wie die Aufgabenliste Punkte hat.

Zu jeder numerierten Aufgabe ist die Antwort A-E auszuwählen, die für zutreffend gehalten wird. Jede Antwortmöglichkeit kann einmal, mehrmals oder überhaupt nicht als Lösung vorkommen.

Fragentyp C = kausale Verknüpfung

Dieser Aufgabentyp besteht aus zwei durch das Wort „weil" verknüpfte Feststellungen.

Jede der beiden Feststellungen kann unabhängig von der anderen richtig oder falsch sein. Wenn sie beide richtig sind, kann die Verknüpfung durch „weil" richtig oder falsch sein.

Bitte kreuzen Sie die Antwort A - E an, die nach Ihrer Meinung die beiden Feststellungen und ihre Verknüpfung richtig beurteilt:

Antwort	Feststellung 1	Feststellung 2	Verknüpfung
A	richtig	richtig	richtig
B	richtig	richtig	falsch
C	richtig	falsch	–
D	falsch	richtig	–
E	falsch	falsch	–

Fragentyp D = Antworten mit Aussagenkombinationen

Auf eine Frage oder unvollständige Aussage folgen numerierte Begriffe oder Sätze, von denen *einer oder mehrere* zutreffen können.

Für jede Aufgabe nach Typ D werden 5 Kombinationen der numerierten Aussagen vorgegeben.

Aus diesen mit den Buchstaben A - E gekennzeichneten Antworten wählen Sie bitte die Aussagenkombination aus, die Sie für richtig halten.

Fragentyp E = Fragen mit Bildmaterial

Bei diesem Fragentyp enthalten die Aufgaben Bildmaterial. Sie kommen in dieser Fragensammlung sehr selten vor.